AF254153

DE PÉKIN

A

SHANGHAI

Poissy. — Typ. S. Lejay et Cie.

DE PÉKIN

A

SHANGHAI

SOUVENIRS DE VOYAGES

PAR

EUGÈNE BUISSONNET

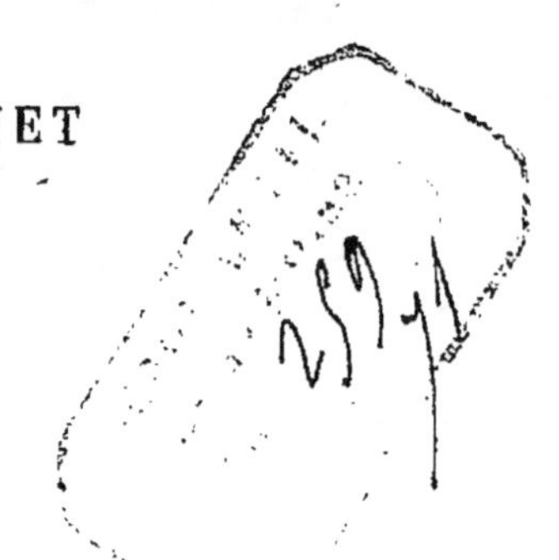

———

PARIS

AMYOT, ÉDITEUR, RUE DE LA PAIX, 8

—

1871

NOTE DE L'ÉDITEUR

Le présent ouvrage était sous presse lorsque les malheureux événements de 1870 et 1871 sont venus en interrompre la publication. Mais ce livre n'en conserve pas moins toute son actualité, en dépit de ce retard d'un an apporté dans sa présentation en public. En effet les appréhensions de l'auteur sur le manque de sécurité des intérêts européens en Chine, ainsi que ses appréciations sur l'état des choses dans ce pays et la marche à y suivre, sont pleinement justifiées par l'attitude de plus en plus agressive que prend chaque jour le gouvernement chinois, lequel n'a trouvé que d'équivoques édits à rendre et des protestations évasives à faire au sujet du massacre de Tientsin qui, l'année dernière, a jeté l'épouvante la plus grande chez tous les Européens résidant dans l'empire du Milieu, et a nécessité l'envoi d'une nouvelle ambassade chinoise en ce moment en France.

Paris, juillet 1871.

INTRODUCTION

INTRODUCTION

En relisant dernièrement diverses notes de voyage, je fus frappé par le caractère d'actualité tout particulier que présente la partie qui a trait à une excursion de plusieurs mois que je fis il y a quelque temps dans l'intérieur de la Chine et, par le conseil de plusieurs amis, je me suis décidé à en livrer le récit à l'impression. Cette publication me paraît d'autant plus opportune qu'en ce moment l'attention publique est mise en éveil, surtout par les préoccupations toutes naturelles que cause le renouvellement des traités avec le Céleste-Empire et par la présence en Europe de l'ambassade chinoise qui, depuis déjà assez longtemps, erre d'une capitale à l'autre, dans l'accomplissement d'une mission jugée beaucoup trop favorablement en principe, mais qui, petit à petit, perd les apparences heureuses qu'elle avait, pour ne paraître plus que ce qu'elle est réellement, c'est-à-dire l'expression pure et simple de l'esprit rétro-grade du gouvernement chinois.

Depuis quelques années, l'intérêt que l'Eu-rope porte à l'extrême Orient s'est accru d'une manière sensible, et cela s'explique par nos relations rendues chaque jour plus suivies et plus considérables par la vapeur et l'électricité.

La Chine nous était à peu près inconnue il y a trente à quarante ans, et on se préoccupait si peu de ce qui s'y faisait que tout au plus lisait-on les relations de nos missionnaires, qui étaient tout-ce qu'on possédait alors de connaissances sur cet immense pays, en dehors de quelques récits de voyageurs et des élucubrations savantes de certains esprits qui avaient fait leur spécialité de l'étude fort peu attrayante de sa littérature et de son organisation civile et religieuse. Cette indifférence se comprend parfaitement, par suite de notre manque à peu près complet de rapports avec cette contrée mystérieuse, puisque jusqu'au moment de la guerre de 1842, dite Guerre de l'Opium, et du traité de Nankin qui en a été la conséquence, cela se bornait à quelques relations commerciales fort peu importantes et de la plus grande irrégularité entre l'Angleterre et la Chine.

Maintenant il n'en est plus ainsi : l'expédition anglo-française de 1860 d'abord, les guerres civiles qui ont dévasté récemment l'empire, et l'intercourse commercial qui ne fait que progresser chaque année, appellent de plus en plus l'attention générale sur ce pays, devenu tellement intéressant qu'il ne nous est plus permis d'ignorer ce qui s'y passe.

La révolution qui s'est produite dans la nature de nos relations avec cet empire a été jusqu'à présent très-peu sensible dans ses parties reculées; mais elle a fortement émotionné la région accessible aux étrangers, et leur présence a bouleversé la vie civile de ses habitants, en tendant à les amener graduellement vers une rénovation complète dans l'organisation gouvernementale et administrative, si désirable à tous égards. Pour nous, cette révolution a produit des résultats très-appréciables : elle a détruit nombre de vieux préjugés, elle a élucidé beaucoup de points douteux et mis au grand jour de nouveaux faits ; notre commerce a été amené par elle à trouver de précieux éléments dans les innombrables richesses de ce pays, et le temps n'est pas éloigné où notre industrie trouvera les moyens d'y jouer un rôle très-important.

En fin de compte, nous sommes ancrés en Chine et il ne nous est plus permis d'en sortir; d'abord nos intérêts matériels y sont trop considérables et, à l'époque actuelle, il n'est pas admissible qu'une aussi vaste contrée soit laissée livrée à elle-même et reste en dehors de l'influence de notre civilisation, ainsi qu'elle l'était il n'y a pas très-longtemps et que le voudraient encore tous ceux composant son gouvernement, qui ne nous ont certainement pas admis de bonne volonté.

Bien entendu que je n'ai pas l'intention de faire ici le précis de l'histoire contemporaine de la Chine, dont les événements ont été, du reste, déjà plus d'une fois soumis à un sérieux examen : c'est un simple journal de voyage que je prends la liberté de présenter à la bienveillance de mes lecteurs, et j'en conserve avec soin la forme modeste qui, sans la moindre prétention littéraire, me permet de placer à l'occasion nombre d'observations intéressantes, justifiées par des connaissances acquises pendant un séjour antérieur d'une douzaine d'années dans le Céleste-Empire.

J'espère qu'on me pardonnera le décousu inévitable d'un récit fait dans de semblables conditions, dont tout le mérite consiste dans la sincérité des impressions et une certaine expérience du pays ; j'espère aussi qu'on voudra bien me suivre jusqu'à la fin dans les réflexions qui m'ont été suggérées par un nouveau séjour de quelques mois fait en Chine pendant le cours d'un récent voyage autour du monde, ainsi que par l'agitation qui se produit actuellement dans la presse locale à propos de l'attitude peu rassurante que prend le gouvernement chinois depuis qu'il est question de traiter avec lui sur un pied d'égalité et dans les mêmes termes qu'avec les nations civilisées.

Ces réflexions m'ont paru, dans les circonstances actuelles, être le complément obligatoire de mon travail, et je les livre avec confiance à l'appréciation bienveillante du lecteur, qu'elles pourront intéresser à plus d'un titre.

E. B.

Saint-Vallier, avril 1870.

SOMMAIRE

DE PÉKIN

A

SHANGHAI

I

Les hasards de l'existence passablement aventureuse que je mène depuis quelques années m'a-
menant de nouveau sur les côtes de Chine, et devant
me trouver à Shanghaï et au Japon quand viendra
le printemps prochain, je me décide à employer
mon temps d'ici là à faire un voyage par terre à
travers les provinces du Céleste-Empire que je
connais le moins, ce qui me permettra de poursuivre mes études sur ce pays si intéressant à tous

égards, dans lequel j'ai passé de longues et labo-
rieuses années et dont j'ai conservé le meilleur
souvenir, en dépit des luttes nombreuses que j'y ai
soutenues, des peines que j'y ai éprouvées et des
maladies inhérentes au climat et aux conditions de
l'époque qui ne m'ont pas épargné. Et puis, je ne
peux pas me dispenser d'une visite à Pékin chaque
fois que je touche au sol chinois; il y a longtemps
que je désire faire plus, ample connaissance avec le
Petchili, le Chantong et le Honan, et jamais meilleure
occasion ne s'est encore présentée à moi pour cela.

Je suis venu de France il y a quelques mois en
passant par le Nord de la Russie et traversant la
Sibérie de l'ouest à l'est dans toute son étendue.
J'ai voyagé à cheval, à dos de chameau; en voiture, traîneau; j'ai usé de tous les moyens de locomotion possibles, passé des mois entiers en ta-
rantas nuit et jour et sans désemparer; j'ai été
presque mis en capilotade par les cahots inhérents
aux télégas dans la traversée des steppes sibériennes;
j'ai descendu le fleuve Saghalien ou Amour jusqu'à
son embouchure, en bateau à rames, steamer et
même en radeau, couchant à la belle étoile les trois
quarts du temps, exposé à toutes les intempéries,
passant du froid le plus glacial aux chaleurs les plus
intenses, piqué par les moustiques, dévoré par les

taons, puces et autres insectes, ne buvant pas toujours à ma soif et plus d'une fois n'ayant rien à me mettre sous la dent; j'ai fait mon trou dans la glace en traversant le Volga et n'en suis sorti que par miracle; j'ai failli me noyer à l'embouchure de l'Amour par suite du naufrage d'une chaloupe dans laquelle je me trouvais, et j'en ai été quitte pour un bain peu récréatif qui a duré huit heures.

Après cela j'ai goûté des délices de la navigation à voiles à bord d'un prétendu clipper qui a mis quarante-deux jours pour m'amener de Nikolaïevski en Chine, traversée qui aurait dû se faire en quinze ou vingt jours au plus. Comme un pareil retard n'avait pas été calculé, les provisions ont naturellement fait défaut, et on a été pendant plus de vingt jours mis à la ration la plus stricte de biscuit et salaisons, ce qui, avec le manque d'eau, m'a gratifié du scorbut pendant quelque temps, et jusqu'à présent manquait à ma petite collection de misères. J'ai assisté à bord de ce charmant bâtiment aux scènes les plus déplorables d'insubordination, amenées presque toujours par les emportements sans raison du capitaine; j'ai eu aussi personnellement une ou deux prises de corps avec ce personnage, ce qui fait que j'ai été on ne peut plus heureux quand est venu le moment où j'ai pu quitter et le bâtiment

et celui qui le commandait, en emportant une opinion telle qu'assurément je ne remettrai plus les
pieds à bord d'un voilier qu'à mon corps défendant.

Maintenant je reviens de Corée, où je suis très-
satisfait d'avoir pu aller, grâce à la gracieuse auto-
risation de l'amiral Roze, qui commandait l'expédition qu'on vient de faire contre ce pays. Je suis à
bord du *Laplace*, corvette à vapeur de l'État, qui a
bien changé depuis près de trois semaines que je
m'y trouve.

Pendant les premiers jours et en allant de Tchefoo en Corée, le *Laplace* était bourré de provisions
et transformé en vrai bâtiment de transport,
ce qui faisait qu'on ne pouvait circuler qu'avec
grand'peine sur le pont, récipient obligatoire en
pareille circonstance, attendu que les navires de
guerre ne sont nullement disposés pour prendre
autre chose que ce qui est régulièrement prescrit
pour leurs besoins particuliers, et que l'emplace-
ment disponible dans leur cale est généralement à
peu près insignifiant. L'avant du navire était alors
devenu une ménagerie des mieux assorties, où
bœufs, moutons et porcs se pressaient les uns
contre les autres et semblaient ne faire place qu'à
regret aux canards, lapins, pigeons, poulets, faisans,
oies, etc., qui y étaient entassés pêle-mêle dans des

paniers à claire-voie. Quant à l'arrière, ce n'était que rangées de barriques de vin, pyramides de caisses de conserves, eaux-de-vie et liqueurs de toute sorte, arrimées à la hâte, presque à la disposition du matelot, qui ne manquait pas de mettre en œuvre toutes ses facultés inventives pour opérer le transvasement d'une bonne quantité de liquide au profit de ses appareils distillatoires, qui, comme on sait, se distinguent par leur remarquable élasticité.

A présent le pont est débarrassé des provisions, bestiaux, etc., qui l'encombraient. On a repris de plus belle les mesures de propreté ordinaires à bord de tout navire, mesures poussées à leur dernière limite sur certains bâtiments de guerre. Le lavage en est la plus importante, et les matelots du *Laplace* paraissent prendre un plaisir tout particulier à cet exercice; bien longtemps avant le jour on est réveillé par les coups de sifflet des maîtres, par les bruits de toutes sortes que fait la fourmilière du bord en mouvement, fourbissant, grattant, balayant, remuant les cordages, et surtout par les seaux d'eau qui sont lancés à tour de bras sur tous les points du navire, et en telle abondance qu'on croirait que ces tritons, ne tenant aucun compte de l'exiguité infime de leur coque, relativement à l'immensité liquide, ont juré de ne s'ar-

rêter qu'après avoir fait entrer le contenant dans le
contenu.

23 novembre.

A dix heures nous mouillons à Tchefoo, et en
même temps que nous arrive le vapeur *Yuen-tze-
Fee* en route pour Tientsin. Comme il ne fait que
toucher ici, je m'empresse de retenir mon passage
et de me rendre à son bord, après avoir fait mes
adieux au commandant et à l'état-major du *Laplace*,
dont je n'oublierai de longtemps la gracieuseté. Le
commandant Amet a surtout droit à toute ma grati-
tude pour ses excellents procédés, et les uns et les
autres ont certainement fait tout leur possible pour
me rendre agréable mon séjour à bord du *Laplace*,
dont j'emporte le meilleur souvenir.

Nous partons à midi. Je suis le seul passager européen à bord du *Yuen-tze-Fee*.

24 novembre.

Une forte bourrasque s'est élevée pendant la nuit
et dure toute la journée; le bateau étant très-petit,
il roule et tangue d'une façon désordonnée. Vers la
tombée de la nuit, nous mouillons à douze ou qua-

torze mille de Takou; le vent est si violent que le
bateau reste sous vapeur, et qu'on est, par moments,
obligé de faire machine en avant pour soulager les
ancres.

25 et 26 novembre.

La bourrasque est presque devenue tempête; impossible d'avancer, et par conséquent nous restons
sous vapeur à l'ancre, faisant tête au vent.

Le *Yuen-tze-Fee* est un bateau que je ne re-
commanderai jamais à personne. Il est à hélice et si
petit que la moindre mer le fait danser d'une af-
freuse manière; ses cabines sont loin d'être confortables et ne brillent nullement par la propreté. Les
passagers chinois, toujours assez nombreux à bord
de ces vapeurs faisant le service régulièrement, ne
sont séparés de moi que par une faible cloison, et
il se dégage de leur compartiment des nuages de la
fumée d'opium qui, joints à l'odeur de graillon de
cuisine et aux émanations de certains lieux beaucoup trop à proximité, font un ensemble révoltant.

27 novembre.

Le vent est tombé dans la journée, et au moment

de la haute mer, à cinq heures du soir, nous essayons d'entrer en rivière; mais après ces forts vents du nord-ouest qui ont chassé l'eau au large, le passage de la barre est loin d'être chose facile, et nous restons en plein, dans la vase, avec huit pieds et demi d'eau, à côté du vapeur *Coréa*, qui est dans cette position peu amusante depuis cinq à six jours déjà.

Il fait un froid très-vif et le navire est entouré de glaçons.

28 novembre.

Au point du jour, on essaye de déséchouer le navire, mais cela n'a d'autre effet que celui de l'enfoncer plus profondément dans la boue; car le *Yuen-tze-Fee* cale dix pieds et demi, et à marée haute il n'y a encore aujourd'hui que huit pieds et demi sur la barre, tandis qu'il n'y a pas trois pieds à marée basse et que la mer découvre complétement tout près de nous. Heureusement le fond étant mou, le navire a pu faire son lit dans la vase, de manière à lui permettre de reposer également et sans danger, à moins que le vent ne s'élève de nouveau, ce qui rendrait alors sa position assez hasardeuse.

Comme, avec les faibles marées actuelles, le vapeur peut rester là quelque temps, je me décide à descendre à terre dans un mauvais bateau chinois venu de Takou, et en compagnie de quelques passagers chinois. Les bateliers profitent de la circonstance pour nous rançonner, et ils exigent une cinquantaine de piastres pour le voyage, ce qui est plus que la valeur de leur bateau.

Je quitte le vapeur à midi, et avec les nombreux glaçons qu'il s'agit d'éviter et le manque d'eau qui nous oblige à faire un long détour, je n'arrive au village de Takou qu'à la nuit, transi de froid et à peu près incapable de remuer bras et jambes, par suite de l'immobilité la plus complète dans laquelle j'ai dû demeurer pendant les six heures passées à bord du bateau chinois, trop chargé et encombré outre mesure, que la moindre oscillation eût fait chavirer.

Bien entendu qu'avec l'obscurité et le froid qu'il fait, je ne perds aucun temps a visiter les fameux forts de l'entrée du Peïho, occupés pendant longtemps, ceux de la rive gauche par les troupes françaises, et ceux de la rive droite par les forces anglaises. Ils ont été évacués au commencement de l'année et rendus en parfait état aux Chinois, qui les auront bientôt laissés tomber en ruines. C'est devant ces forts qu'a été éprouvé l'échec de 1859, qui avait fait croire un moment aux Chinois qu'ils étaient de force à nous résister ; ce dont ils ont été bien vite détrompés par l'attaque et la prise de cés mêmes forts au début de l'expédition contre la Chine en 1860.

Je me procure deux voitures et me mets en route pour Tientsin à la hâte, bien enveloppé de couvertures et de fourrures qui sont loin d'être un luxe par le temps qu'il fait.

Rien de plus incommode que les voitures servant au transport des voyageurs dans le nord de la Chine. Ce sont tout simplemeut des caisses en bois terminées en demi-cercle, en forme de carrioles, recouvertes extérieurement de toile bleue et reposant directement sur un fort essieu, quelquefois en fer, mais le plus souvent en bois; elles ont les dimensions les plus exiguës et n'ont pas ombre de siége, de sorte qu'on ne peut ni s'y asseoir, ni s'y étendre, et qu'on en est réduit à s'accroupir à la turque ou en chien de fusil. Les coudes et autres parties saillantes du corps étant constamment en contact avec le bois, cela devient on ne peut plus douloureux à la longue, avec les secousses de tous les instants qui sont dues à l'affreux état des routes et chemins chinois jamais entretenus. Les deux roues sont munies de moyeux projetant d'un pied au moins, qui ont pour effet, non prévu je crois, d'empêcher la voiture de verser complétement, toutes les nombreuses fois qu'il lui arrive de chavirer.

L'attelage est à peu près aussi intelligent que la suspension : ces voitures sont tirées généralement par deux mulets dont l'un est dans le brancard, tandis que l'autre est attelé sur le côté droit, à deux traits d'une longueur démesurée attachés vers l'essieu. Ce dernier n'a pas de brides pour le diriger, de sorte qu'il va de droite à gauche, s'arrête, court, suivant les lubies qui lui passent par la tête, et à tous moments s'empêtre les jambes de derrière dans ses traits sans fin, ce qui cause des temps d'arrêt nombreux. En somme, ce mulet allant en tête ne tire que rarement, et presque toujours est un embarras pour le pauvre limonier.

En route je rencontre quelques Européens et un grand nombre de Chinois en voiture, et à dos d'âne, se rendant à Takou, afin de pouvoir s'embarquer pour le sud dans les derniers bateaux à vapeur ou à voiles pouvant encore partir avant que la rivière soit prise par les glaces. Je vois aussi une énorme quantité de coton et autres marchandises expédiées précipitamment au même point et dans le même but, de manière qu'il y a en ce moment un mouvement tout à fait inusité sur la route de Tientsin à Takou.

L'attelage des charrettes employées au transport des marchandises n'est pas plus pratique que celui des voitures dont je parle plus haut : cinq ou six bêtes, chevaux, mulets et bœufs, sont souvent attelées à la même charrette, malgré leurs allures particulières : le limonier au brancard et les autres par de longs traits attachés au-dessus de l'essieu, de sorte que, s'il s'agit de tourner surtout, c'est une confusion inextricable.

J'arrive à minuit à Sing-tze-Kou, et j'y couche dans une auberge chinoise.

26 novembre.

Je me remets en route à six heures. Même mouvement extraordinaire tout le long du chemin; les ânes, très-nombreux par ici, sont mis en réquisition par une foule de voyageurs chinois.

Le pays entre Takou et Tientsin n'est qu'une immense plaine, d'alluvion, inculte et aride du côté de Takou et le long de la mer, où elle est encore périodiquement inondée, mais assez bien cultivée à mesure qu'on approche de Tientsin. La route longe le Peïho sans cependant suivre les nombreux coudes que fait cette rivière. Les villages, disposés généralement sur des remblais de quelques pieds qui les garantissent des inondations, sont très-nombreux le long de la route et de la rivière; ils sont presque exclusivement composés de maisons en terre et sont entourés de petits jardinets très-bien entretenus.

J'arrive à Tientsin à dix heures, et me rends immédiatement chez mon ami Sandri, qui ne m'attendait pas si tôt.

II

Tientsin, sur le Peïho, a été ouvert d'une manière effective au commerce européen au moment de l'expédition franco-anglaise en 1860. A l'origine, les étrangers s'étaient tous installés dans quelques habitations chinoises situées dans le faubourg longeant la rivière, mais maintenant on a établi une concession sur un endroit appelé Sze-tzu-Ling, à deux milles en aval de Tientsin et sur le bord du fleuve Peïho ; là sont déjà construits un assez grand nombre de maisons et de magasins, et la majorité des négociants étrangers y réside et vaque à ses opérations commerciales.

La système des concessions en Chine étant généralement peu connu, quelques mots d'explication à leur sujet ne seront certainement pas ici hors de propos.

Jusqu'à la guerre de 1842, le peu d'Européens qui se trouvaient en Chine résidaient soit dans la colonie portugaise de Macao, soit dans le port de Canton, où ils étaient claquemurés dans ce qu'on appelait les factoreries, quartier peu étendu, composé de maisons construites à l'européenne, mais appartenant à des Chinois qui les louaient aux étrangers.

Le besoin d'extension étant de la dernière évidence, les Anglais se firent abandonner l'île de Hong-Kong par le traité de Nankin, qui fut le résultat de cette guerre, et, de plus, ils obtinrent l'ouverture au commerce européen des ports de Shanghaï, Tanchow, Amoy et Ningpo, où des espaces de terrain qu'on nomma concessions furent désignés d'un commun accord pour la résidence future des étrangers.

Je vais prendre Shanghaï, qui est le port le plus important, comme exemple de l'installation de ces concessions. Là, les Anglais eurent d'abord leur concession peu de temps après la traité de Nankin ; puis les Américains à leur tour conclurent leur traité et se firent attribuer une concession au nord de celle des Anglais; vint ensuite la France, qui, en 1847, sentit le besoin d'avoir la sienne, qu'on établit entre la partie anglaise et les murs de la cité chinoise. En principe, les Anglais, Américains et Français pouvaient seuls acquérir des immeubles dans leurs concessions respectives; mais plus tard il fut convenu que tous les étrangers pourraient indistinctement devenir propriétaires, sous la condition de se soumettre à l'organisation municipale de chaque quartier, organisation résultant de la convention faite entre la Chine, l'Angleterre, la France et les États-Unis, qui, sous le nom de *land regulations*, régit les conditions d'établissement des concessions, et a depuis été consentie par toutes les autres nations qui ont conclu des traités avec la Chine. Les intérêts étant identiques, l'Angleterre et les États-Unis renoncèrent à leurs droits particuliers sur leurs quartiers, qui furent alors réunis et formèrent une concession commune aux étrangers, sous la protection générale des puissances ayant des traités avec la Chine. La France ne jugea pas à propos de faire de même, et la concession française est plus spécialement sous sa protection immédiate et s'administre en vertu d'instructions émanant du ministère des affaires étrangères. Cette position particulière faite à la partie française a pour avantage de donner un certain relief à l'influence nationale ; mais, par contre, elle a le tort de laisser tous les intérêts de la concession livrés beaucoup trop à l'arbitraire des consuls, ce qui ne laisse pas que de présenter certains dangers, ainsi qu'on a pu s'en convaincre pendant les conflits regrettables qui ont eu lieu il y a quelque temps entre le consul général et l'administration municipale du moment.

Les achats de propriétés sur ces concessions se sont opérés de gré à gré entre les propriétaires originaires chinois et les acquéreurs étrangers ; ils se sont généralement faits sans difficulté, excepté dans quelques rares occasions, où on a dû recourir aux autorités chinoises et consulaires, qui alors ont fixé d'un commun accord un prix de vente maximum. Ces terrains ainsi achetés ne payent au gouvernement chinois que l'impôt foncier ordinaire, qui est très-modéré. Les sujets chinois ne peuvent plus être propriétaires sur les concessions, mais ils peuvent y résider comme locataires, et ils y sont maintenant fixés en nombre considérable, grâce à la protection qu'ils trouvent dans le voisinage des Européens contre les exactions de leurs mandarins.

En l'état, les autorités chinoises n'ont rien à voir

dans les concessions, qui sont administrées complétement par des conseils municipaux nommés par
les résidents étrangers; les taxes municipales sont
fixées en assemblées générales des résidents, sur la
proposition desdits conseils, qui, par ce moyen,
pourvoient aux besoins de police, voierie, éclairage,
et tous autres d'utilité publique; bien entendu
que les Chinois habitant les concessions sont soumis
à ces taxes, pour ce qui les concerne, tout comme
les résidents européens. Ces conseils municipaux
rendent chaque année compte de leur gestion aux
intéressés de qui ils relèvent, et on pourra se rendre
compte de leur importance quand on saura que le
budget de la concession française est aunullement
de près d'un million de francs, et que celui du
restant des concessions est de plus de deux millions.

Les étrangers sont soumis aux lois de leurs pays
respectifs, et les Chinois sont naturellement sous la
coupe de leurs autorités; mais celles-ci ne peuvent
exercer contre ceux de leurs nationaux habitant les
concessions que de concert avec les consuls sous la
protection desquels les concessions se trouvent placées, ce qui est une mesure très-sage qui prévient les
abus que les mandarins ne manqueraient pas de
commettre, au détriment des intérêts européens, si ils

étaient libres d'opérer à leur guise dans lesdits quartiers étrangers.

Voici *grosso modo* l'organisation des concessions à Shanghaï, qui a marché d'une manière si satisfaisante que quand le traité de Tientsin a ouvert, en 1860, de nouveaux ports aux étrangers, on n'a eu qu'à la suivre plus ou moins fidèlement pour la création des concessions de Hankow, Kiu-Kiang, Tientsin, etc., ainsi que pour les municipalités qui y ont été installées, avec cependant quelques modifications que l'expérience avait indiquées.

La concession de Tientsin est aussi divisée en trois parties : française, anglaise et américaine. La partie anglaise, qui est la mieux située, est à peu **près** complétement occupée, tandis que les autres ne le sont qu'en partie. Cette concession est bordée par un beau quai, devant lequel viennent mouiller les navires à vapeur et à voiles auxquels leur faible tirant d'eau permet de remonter la rivière.

Comme dans les autres nouveaux ports ouverts au commerce européen, les affaires sino-européennes sont déjà en grande partie passées entre les mains de Chinois émancipés, qui font leurs achats de marchandises à Shanghaï et ne se servent guère plus des négociants étrangers de Tientsin que comme agents pour l'expédition et l'entrée en douane de leurs marchandises.

C'est à Tientsin que le grand canal impérial aboutit, ce qui, dans le temps où ce grand canal était un bon état, n'a pas peu contribué à donner à cette ville une grande importance qu'elle a toujours conservée. Pendant la belle saison, quelques centaines de navires étrangers et des milliers de jonques fréquentent ce port et y apportent en abondance les produits européens, ceux du Japon et de toutes les parties de la Chine, lesquels sont ensuite répandus dans le Petchili, une partie du Honan, le Shensi, le Shansi, une partie de la Mongolie et de la Mandchourie, au moyen de brouettes, charrettes et d'une quantité innombrable de bateaux qui remontent le Peïho, le grand canal et deux autres canaux ou rivières canalisées importantes se reliant au Peïho à une courte distance en amont, et allant très avant dans l'intérieur. La ferme du sel pour tout le nord de la Chine, qui a son centre à Tientsin, apporte aussi son contingent au mouvement énorme de ce port; les fermiers, assez nombreux du reste, qui ont seuls le droit de fabriquer et vendre, ont leurs approvisionnements tous réunis sur la rive gauche du Peïho, en face de la ville, sur une longueur de deux à trois kilomètres et une largeur de trois à quatre cents mètres. Ces approvisionnements, qui s'élèvent toujours à un nombre de tonneaux incalculable, sont formés de tas de sel de dix à quinze mètres de haut, recouverts de nattes, se touchant presque tous, et devant lesquels se renouvellent constamment une multitude de bateaux chargeant et déchargeant, les uns apportant le sel de Takou et des environs, où sont disposées des salines très-étendues, et les autres l'emportant sur les points les plus reculés de l'intérieur.

Tientsin se compose de la ville murée, de forme carrée, et de ses faubourgs très-étendus qui longent les deux rives du Peïho et celles du grand canal, et sont reliés entre eux par deux ponts de bateaux et de nombreux bacs. L'intérieur de l'enceinte murée est très-misérable et ne renferme que des mauvaises cases en terre, en dehors des yamens, des tribunaux et des demeures des mandarins.

La population de l'ensemble de l'agglomération de Tientsin est de cinq à six cent mille âmes, dont la majeure partie se trouve dans le faubourg qui longe les murs de la ville à l'est et au nord, et qui, en suivant le Peïho et le grand canal, a trois à quatre kilomètres de long sur une largeur très-restreinte. C'est dans ce faubourg que sont concentrées toutes les affaires, et la principale rue, qui le traverse presque d'un bout à l'autre, est bordée à droite et à gauche de boutiques de tous genres : marchands de cotonnades, lainages, curiosités, toutes sortes d'articles européens et chinois, magasins de fourrures en grand nombre, pâtissiers, confiseurs, débits de comestibles, etc., etc., et, se faisant remarquer entre tous, marchands de vieux habits par centaines, étalant leurs marchandises fripées et l'offrant aux passants en entonnant une litanie de louanges et de mises à prix qui ne finit pas de toute la journée.

Certains quartiers de Tientsin se distinguent par une saleté repoussante; les fossés de la ville, entre autres, sont le réceptacle d'ordures et de pourriture d'où se dégagent pendant toute l'année, et en été surtout, des odeurs pestilentielles capables d'empoisonner en vingt-quatre heures toute autre population que la population chinoise, qui paraît se complaire dans ce milieu révoltant; la plaine qui longe les murs de l'ouest est spécialement affectée à la manufacture en grand de la poudrette, laquelle se pratique de la manière la plus simple et sans le moindre égard pour les organes olfactifs un peu délicats.

On voit à Tientsin un assemblage de mendiants des plus remarquables; tous les degrés des maladies les plus repoussantes sont représentés parmi eux, et il est impossible de décrire les haillons qui couvrent ou plutôt qui laissent très-souvent à nu, et par les plus grands froids, ces parias de l'espèce humaine.

Les Chinois étant très-peu soigneux, les incendies sont très-fréquents, surtout en hiver et dans le nord de la Chine, où le danger est augmenté par le chauffage des maisons. Pendant mon séjour ici, un incendie se déclare et, en moins d'une nuit, réduit en cendres un millier des plus riches maisons longeant la rue principale du grand faubourg, lesquelles, se touchant toutes par leurs devantures en bois, présentent au fléau une pâture facile et non interrompue que les moyens indigènes sont incapables de garantir. Il y a bien des pompes, des seaux, etc., qui sont amenés précipitamment sur le lieu du sinistre par des compagnies *ad hoc ;* mais chacun ne paraissant préoccupé que de faire le plus de bruit et de créer le plus de désordre possible, l'incendie a beau jeu avec de tels sapeurs-pompiers, qui ne semblent même pas se douter de ce que c'est que faire la part du feu, chose cependant si facile avec le genre et la légèreté des constructions chinoises; aussi le feu ne s'arrête le plus souvent que faute d'aliments.

9 décembre.

Je me mets en route à sept heures du matin pour aller faire à Pékin ma tournée projetée. Je ne sors pas des moyens de locomotion ordinaires et prends deux voitures, l'une à mon usage particulier et l'autre pour mes bagages et mon fidèle Assé, qui est parfaitement à son affaire depuis qu'il se retrouve au milieu de ses compatriotes, et ne regrette nullement la Corée, où il ne s'était décidé à me suivre qu'à contre cœur, la perspective de coups de fusil ne pouvant que le séduire fort médiocrement.

La plaine du Peïho jusqu'à une certaine distance de Pékin, où elle est bornée par une chaîne de montagnes allant du nord-est au nord-ouest de cette ville, est uniforme et passablement monotone. Il y a de nombreux villages le long de la route, et quoique le sol ne soit pas très-fertile, il est assez bien cultivé et produit du blé, du millet, du sorgho, du ricin, des haricots, un peu de coton et des légumes de toutes sortes autour des habitations.

On ne s'écarte guère du Peïho pendant une partie de la route, qui est aussi mauvaise qu'on peut la désirer.

Halte de midi à deux heures à Yan-Tsoun, grand village sur le bord du Peïho. Arrivé à huit heures à Ho-si-Wou, autre village très-important qui est la couchée ordinaire, et qui contient une grande quantité d'auberges dont les murs sont ornés de nombreuses inscriptions et de listes de noms d'Anglais, qui éprouvent invariablement le besoin de laisser quelques traces de leur passage.

10 décembre.

En route à quatre heures du matin, et comme il fait très-froid, je m'empaquette de mon mieux dans ma voiture, dont je ne sors qu'au relai de Tchang-Kia-Wan, où je fais halte de onze heures à une heure.

Tchang-Kia-Wan est une petite ville très-misérable dont les murs sont en ruines, et qui, en 1860, a été le théâtre d'un combat entre les Chinois et le corps franco-anglais.

Peu de temps après être sorti de Tchang-Kia-Wan, on aperçoit les murs de Tanchow, ville de premier ordre, marquée d'une tache pénible dans l'histoire de la dernière expédition en Chine, par le guet-apens dans lequel sont tombés un certain nombre d'envoyés anglais et français ayant le caractère de parlementaires, dont quelques-uns seulement se sont échappés après de grandes souffrances, et le plus grand nombre est mort au milieu d'atroces tortures. On a retrouvé les corps de la majeure partie de ces derniers, mais on est encore dans la plus complète ignorance sur le sort de deux ou trois.

Tout près de Tanchow se trouve le fameux pont de Palikao, où la cavalerie tartare de San-ko-lin-sin a été complétement mise en déroute, et d'où le général Montauban, qui commandait les forces françaises, a tiré son titre de comte. Lorsque j'y suis passé, il y a trois ans, on voyait parfaitement les traces des boulets européens sur les parapets en marbre de ce pont.

Le sol devient très-sablonneux à mesure qu'on avance, et par le temps sec qu'il fait on avale de la poussière en quantité.

Rien ne fait soupçonner la proximité de la capitale de l'empire du Milieu, si ce n'est un certain nombre de riches cimetières particuliers entourés de murailles à jour, complantés d'arbres et ornementés de chimères et de portiques ouvragés. La route conserve à peu près la même largeur, est tout aussi mal entretenue qu'ailleurs, et ne parait pas être beaucoup plus fréquentée; aussi est-on

tout surpris quand on voit s'élever devant soi les
remparts monumentaux de Pékin, qui n'a pas
même de faubourgs, puisqu'on ne voit en dehors
des portes que quelques masures occupées par des
malheureux débitants et des employés fiscaux.

J'arrive à cinq heures à la légation de France, où
j'étais attendu.

III

Afin de me rendre compte de l'état actuel de
Pékin, par rapport à ce qu'il était lors de mes pré-
cédentes visites en 1862 et 1864, je cours du matin
au soir, de droite et de gauche, parcourant les
rues, ponts et carrefours, grimpant sur les remparts, visitant les monuments, à pied le plus souvent, à cheval parfois, et très-rarement usant des
nombreuses voitures de place stationnant à différents endroits et qui ne sont autre chose que les
carrioles que j'ai décrites plus haut. Traînées
par un seul mulet, elles sont généralement plus
propres, et quelques-unes sont supportées sur

2.

l'essieu, non au milieu de la caisse, mais un peu en arrière, de manière à diminuer la force des secousses. Les hauts dignitaires ont tous leurs voitures installées de cette façon, et plus le rang du propriétaire est élevé, plus l'essieu se trouve sur l'arrière de la voiture, ainsi que cela est fixé, je crois, réglementairement par un édit de l'empereur. Les dames de la cour ont des voitures avec l'essieu tout à fait à l'arrière de la caisse. L'usage des chaises à porteurs étant réservé aux grands personnages, on n'en voit presque pas dans les rues de Pékin.

J'ai beau chercher des améliorations, je n'en découvre aucune. Hélas ! rien n'est changé dans cette ville capitale de l'empire stationnaire par excellence ! Tout continue à tomber en ruines comme par le passé. Les rues sont toujours remplies d'ornières profondes, où la fange s'entasse et les rend impraticables quand il pleut, tandis qu'on y est asphyxié par la poussière quand il fait beau. Les dallages des portes, ponts et passages principaux, usés par le travail constant des voitures, ne sont pas réparés, et il y arrive des accidents à chaque instant. Les canaux et fossés intérieurs, qui étaient très-beaux à l'origine, se comblent régulièrement ; leurs parois s'en vont en morceaux, et, comme les étangs qui entourent les palais impériaux, ils sont complétement à sec pendant les trois quarts de l'année, pour devenir ensuite des foyers pestilentiels après les pluies. Les rues les plus larges sont obstruées par de sordides cabanes et deviennent de simples ruelles. Sur les principales artères, les boutiques dont les devantures étaient autrefois dorées et sculptées à jour ressemblent maintenant à des nids d'araignées. Quand on ajoute à tout cela la malpropreté remarquable des gens du Nord, encore surpassée par celle des soldats, qu'on rencontre dans les rues aussi souvent que les mendiants qui semblent sortir de terre, tant ils pullulent, et qui sont plus repoussants encore que ceux de Tient sin, s'il est possible, on a le tableau exact et fidèle de l'ensemble de Pékin, tant vanté par ceux qui ne le connaissent pas.

Pékin ne ressemble à nulle autre ville chinoise. On n'y retrouve aucune trace d'une cité s'agrandissant au fur et à mesure de l'augmentation de sa population; au contraire, on voit, au premier abord, que c'est une ville bâtie tout d'un coup, d'après un plan tracé à l'avance et sur l'ordre d'un despote qui, pour la peupler ensuite, a fait venir, bon gré mal gré, des habitants des différentes parties de son empire; de là les différences de types qu'un étranger même remarque : car il y a dans Pékin des Chinois de toutes les provinces, voire même de celles les plus éloignées, des Mongols, des Tartares, des Mandchoux, ces derniers plus ou moins enchinoisés, tellement les Chinois ont de la propension à s'assimiler tout ce qui les entoure; tout cela forme un ensemble régi par de vieilles coutumes qui ne sont écrites nulle part, mais que tout le monde connaît, et sont bien mieux observées dans la Chine entière que les lois et édits que les différents empereurs se plaisent à fabriquer à tour de rôle.

La description de Pékin a déjà été faite si souvent que je ne me laisserai certainement pas aller ici à des redites qui ne pourraient être que fort ennuyeuses pour le lecteur. Seulement, je ne puis m'empêcher de remarquer que cette capitale est beaucoup moins peuplée que pourrait le laisser supposer l'étendue des trois enceintes parfaitement distinctes qui la composent; car quoiqu'elle ait dans son ensemble environ vingt-cinq kilomètres de tour, il y a tellement de parties désertes que je crois, malgré tout ce qu'on en a dit, que sa population ne s'élève pas à plus de six à huit cent mille âmes.

La ville chinoise renferme les affaires et les plaisirs : les magasins et boutiques de toutes sortes, les théâtres, restaurants et autres lieux de réunion s'y trouvent rassemblés; sa partie ouest est peuplée d'une manière assez dense, tandis que sa partie orientale est à peu près déserte; ses principales rues sont droites et larges, et ses voies de communication moins importantes sont très-nombreuses, étroites et parfois tortueuses. La ville tartare est sillonnée de grandes et larges artères; c'est là que sont les fonctionnaires publics, la plus grande partie des troupes, les légations étrangères, quelques boutiques, et c'est désert relativement. Les portes entre ces deux villes sont fermées pendant la nuit, mais de nombreux gandins habitant la ville tartare et se laissant souvent attarder dans les lieux de plaisir de la ville chinoise, les accommodements sont toujours faciles avec les gardiens ou portiers, et moyennant une faible rétribution, la porte du centre, appelée Tsien-Men et qui est la principale, s'ouvre à tout venant; cette porte est ouverte aussi régulièrement à certaines heures de nuit pour donner passage aux mandarins demeurant dans la seconde enceinte ayant à travailler à la cour, les réunions, conseils des ministres et réceptions impériales ayant lieu entre minuit et le point du jour. La ville jaune ou impériale est d'abord occupée par des demeures particulières, des yamens ou palais des princes, fonctionnaires, etc., et ensuite au centre, mais séparés du reste par une autre enceinte de murs crénelés et une suite de fossés, sont les palais, jardins et parcs impériaux, occupant un espace immense et où résident l'empereur, la famille impériale et la suite immédiate.

Toutes les portes des deux villes tartare et chinoise, et elles sont nombreuses, sont autant de monuments très-élevés, surmontés de fortifications avec quantités d'embrasures à plusieurs étages, mais sans canons; par compensation, chaque embrasure est décorée de la bouche d'un canon peinte qui, d'après les idées chinoises, doit produire l'illusion la plus complète à distance. Il se pourrait bien qu'il ne s'écoulât pas beaucoup de temps avant que ces portes et remparts soient garnis d'artillerie, car j'ai déjà vu quelques pièces traînées dans les rues, et je sais que le gouvernement chinois songe à en acheter un certain nombre.

Pendant la semaine que je passe à Pékin, je ne manque pas de visiter de nouveau et avec le plus grand plaisir les quelques monuments intéressants qui s'y trouvent; ce sont d'abord différents ponts sur les canaux, parmi lesquels se distinguent celui

de la porte Tsien-Men et celui dit des Mendiants, qui
sont de vraies œuvres d'art en marbre délicieuse-
ment ouvragé, que recouvre une épaisse couche de
saleté; la grande cloche, ornée de ses milliards de
caractères moulés intérieurement et extérieurement; les temples de la Terre et du Ciel avec leurs
parcs entourés de murs, dont le dernier surtout
est sillonné de canaux à parois en marbre blanc et
agrémenté de pavillons, estrades, pagodes, etc.,
admirablement sculptés, surchargés de dorures et
peintures et formant un ensemble d'un cachet tout
particulier, d'un style unique et qui date d'une
époque de prospérité déjà éloignée. L'entrée de ces
temples est maintenant devenue très-difficile pour
les Européens, depuis que certain mauvais farceur
anglais s'est permis de laisser sur l'autel du temple
du Dragon un dépôt peu odorant. C'est par des histoires de ce genre qu'on arrive à se fermer beaucoup
de portes dans ce pays-ci, et qu'on se fait une répu-
tation peu enviable chez ces peuples, qui ont le
mauvais goût de ne pas comprendre ces plaisante-
ries au gros sel.

Viennent ensuite une succession de palais, pavillons, etc., qui composent la résidence impériale;
les kiosques de la colline artificielle dite de Charbon,
peu élevée, et qui est le résultat d'un caprice

d'empereur. Quelques temples dans la ville Jaune,
avec dômes ressemblant à ceux qui surmontent les
tombeaux des califes au Caire, et dont l'architec-
ture a, sans doute, été importée par les mahométans lors de leur immigration en Chine. Deux ou
trois lamaseries, et entre autres la principale, où j'ai
la chance de me présenter au moment où les lamas,
tous vêtus de jaune, se trouvent réunis pour la
prière du soir au nombre de trois cents environ sous
la présidence de leur grand-lama ou dieu vivant de
Pékin, qui est un gros gaillard réjoui au-dessus de
la trentaine, ayant l'air de se préoccuper fort peu
de son auguste caractère. Les cérémonies de ces
lamas ont beaucoup d'analogie avec celles de certaines de nos communautés religieuses ; un grand
nombre d'entre eux ont de fort belles voix, et ils
psalmodient leurs offices avec un ensemble remarquable et un rhythme tout particulier qui ne manquent pas de produire un effet saisissant.

N'oublions pas de citer en passant les différentes
œuvres de nos missionnaires qui ne manquent pas
d'un certain intérêt.

En première ligne vient l'observatoire établi par
les jésuites au commencement du XVIIe siècle sur
une tour carrée, disposée à cet effet le long des

murs de l'est de la ville tartare. Les nombreux instruments qui composent cet observatoire sont tous
d'une grande précision et faits de très-beau bronze,
ainsi que leurs piédestaux ayant formes de lions,
dragons et chimères d'un travail exquis. Le tout est
très-bien conservé et prouve l'influence des jésuites
à cette époque, et ce dont les Chinois étaient alors
capables sous une bonne direction. Tout à côté de
l'observatoire se trouve l'institut, qui a, je crois,
aussi été installé sous la direction de ces missionnaires.

Cet établissement se compose de salles d'études et d'examen et d'une multitude de cellules
de six à sept pieds carrés, alignées à la suite les
unes des autres pour faciliter la surveillance exercée
sur les étudiants pendant les travaux préparatoires
précédant les examens annuels, dont tous les aspi-
rants au mandarinat devaient sortir victorieux
autrefois.

Après l'observatoire vient la cathédrale, dite de
Nan-Tang, qui est au sud de la ville tartare, tout
près des remparts; cette cathédrale, de style italien,
est assez grande et a été en partie restaurée dernièrement.

L'établissement le plus important des missionnaires, à Pékin, était et est encore celui dit du Peh-

Tang, dans la ville Jaune. Il se composait autrefois de nombreuses maisons, de colléges, d'une verrerie, d'une bibliothèque très-précieuse, d'une cathédrale monumentale et d'un grand parc. Tout avait été détruit, en grande partie, pendant la longue période où cela était resté entre les mains des Chinois, après l'expulsion des missionnaires, de sorte qu'après l'expédition et le traité de 1860, et quand cet immeuble a été rendu aux lazaristes, maintenant chargés de la mission du nord du Petchili, ils ne savaient trop comment tirer parti des masures encore debout; mais un incendie étant survenu depuis, et grâce à la part d'indemnité de guerre qui leur a été allouée, ils ont actuellement un établissement superbe se composant de maisons d'habitation confortables et étendues, d'écoles pour les enfants et séminaire, d'un cabinet d'histoire naturelle sous la direction intelligente du père David, d'une bibliothèque renfermant la presque totalité de celle des jésuites, qui avait été égarée et qu'on a pu ravoir; des communs, jardins, salles de réception, et, par-dessus tout, d'une magnifique cathédrale récemment achevée, que les Chinois viennent visiter en foule, et qui fait le désespoir des mandarins, par la raison qu'elle s'élève bien au-dessus des palais impériaux qui sont à proximité, et sur lesquels elle a vue. Aussi le gouvernement chinois fait-il construire en ce moment un grand mur qui, ne tenant à rien, ressemble à un immense paravent, et, dans leur idée, doit empêcher les regards profanes d'arriver jusqu'à la demeure impériale.

On explique aussi la nécessité d'élever ce mur par le fou-choué, superstition chinoise qui se raisonne par le bon ou le mauvais vent, ou plutôt le bon ou le mauvais esprit, que la grande élévation de la cathédrale intercepte ou contrarie. Le mur aurait pour effet de rétablir les choses dans leur état primitif, mais il est si mal construit et dans des proportions telles que je doute qu'il reste longtemps debout.

L'évêque de Pékin et son coadjuteur se complaisent à me montrer leur petit domaine dans tous ses détails. Ils paraissent surtout très-fiers de l'hôpital et de la salle d'asile, qu'ils ont réussi à établir tout près de chez eux, sous la direction des sœurs de Saint-Vincent de Paul.

Je rencontre au Peh-Tang le père F..., un des trois missionnaires échappés de Corée, que j'ai déjà vu à bord du *Laplace*. Il me dit qu'il est venu ici dans le but de négocier sa rentrée en Corée par l'entremise du gouvernement chinois : il a grand espoir dans ses démarches, mais je crois qu'il se fait illusion et que tout ce qu'il pourra faire n'aboutira à rien, car le cabinet de Pékin est trop opposé à tout ce qui peut contribuer à la propagation de la doctrine chrétienne pour qu'il intervienne dans cette affaire sans y être forcé; et il est peu probable que la France se décide.à exercer une pression sur lui à ce sujet, ne l'intéressant pas directement en somme, puisque la Chine n'a que fort peu d'action sur le gouvernement de Corée, qui, tout en lui reconnaissant une certaine suzeraineté, n'en administre pas moins son pays comme il l'entend, sans se préoccuper de l'opinion du Fils du Ciel, auquel il se borne à envoyer chaque année une ambassade et des présents, comme unique marque de vasselage.

Tous les efforts de nos missionnaires dans ces parages, et ils sont nombreux et persévérants, ont été couronnés de bien peu de succès jusqu'à présent, car ils sont invariablement venus se heurter, non-seulement contre une opposition formelle et des persécutions périodiques du fait des gouvernants, mais encore contre la plus grande indifférence de la part du peuple. Il est douloureux qu'il en soit ainsi, car on aurait droit à attendre beaucoup mieux du dévouement de ces hommes de bien qui pratiquent la charité et l'abnégation d'eux-mêmes sur la plus large échelle, soignant les malades, élevant les enfants et faisant quantité de bonnes œuvres dûment appréciées par tous, Européens et Indigènes.

Tout en admirant la conduite louable de nos missionnaires, et quoiqu'ils les voient à l'œuvre depuis bien longtemps, les Chinois ne comprennent rien à leur manière de faire, et leur supposent toujours un but politique caché, ne pouvant pas croire que ce soit uniquement pour la plus grande gloire de Dieu qu'ils agissent. Il faut dire aussi que le développement considérable que prennent en Chine les différentes sociétés religieuses et l'influence chaque jour plus grande qu'elles acquièrent, peuvent parfaitement justifier cette interprétation, et c'est ce qui explique en grande partie la suspicion dont elles sont toujours l'objet.

Une autre chose qui leur fait grand tort dans l'esprit des masses, c'est la manière dont ils défendent les intérêts de leurs coreligionnaires indigènes, toutes les fois qu'ils sont en jeu. Il est à peu près impossible, pour des Européens, aussi initiés soient-ils aux affaires chinoises, de discerner qui a tort ou raison dans un différend entre Chinois. Malgré cela les missionnaires, dans le but de protéger ce qui les touche de près, ont pour principe de pousser jusqu'au bout la défense de leurs intérêts; mais comme les chrétiens chinois sont loin d'être la fleur de la population, il arrive huit fois sur dix que les missionnaires, appuyant de tout leur pouvoir des réclamations complétement injustes, obtiennent très-souvent des autorités locales des satisfactions qui produisent le plus mauvais effet. Quelquefois aussi ces réclamations sont portées à Pékin et causent de graves embarras à nos agents diplomatiques, tout en nous plaçant sur un pied excessivement désavantageux vis-à-vis du gouvernement chinois.

Depuis quelque temps les missionnaires protestants commencent à aller un peu dans l'intérieur et marchent sur les traces des catholiques; mais il y en a encore beaucoup qui, comme par le passé, restent dans les ports régulièrement ouverts aux Européens, où ils mènent une vie calme et tranquille avec femmes et enfants, ne songeant qu'à faire juste la propagande nécessaire pour avoir la conscience en repos au sujet des émoluments annuels que leur passe la société à laquelle ils appartiennent.

Les nôtres, au contraire, sont très-remuants : ils

sont établis dans toutes les provinces de la Chine et tâchent d'aller constamment de l'avant. Quelques-uns sont des hommes supérieurs, pouvant rendre à la Chine et à son peuple des services sérieux ; mais la grande majorité se compose d'enthousiastes, n'aspirant qu'à la conversion des païens.

Hélas! la conversion des païens! En voilà une illusion ! Les Chinois ne veulent pas être convertis. Il y en a bien quelques-uns qu'on a baptisés, qu'on baptise encore, qui pratiquent ou font semblant de pratiquer; mais qu'est-ce que c'est que tout cela, mon Dieu! qui fait si bel effet dans les Annales de la propagation de la foi et sur les listes annuelles des différentes missions ? On dit qu'il y a de vrais chrétiens chinois; s'il y en a, ce sont des oiseaux bleus bien rares, car je n'ai pas encore pu en découvrir un seul, et les missionnaires de bonne foi avouent eux-mêmes que la masse de leurs chrétiens appartient à la lie de la population. Cependant, je veux bien croire qu'il existe quelques rares vrais croyants et pratiquants dans certaines vieilles familles chrétiennes; mais la presque totalité des prosélytes n'est qu'un ramassis de chenapans de la pire espèce, n'ayant que l'intérêt pour mobile dans leur simulacre de conversion, et sachant très-bien se débarrasser de la qualité de chrétien, du moment où ils y voient le moindre avantage. Ce fait est tellement avéré, que tout Européen désirant employer un Chinois, ne le prend qu'après s'être bien assuré qu'il n'est pas chrétien ; car, qui dit Chinois chrétien, dit voleur et menteur par-dessus les autres Chinois.

Le Chinois a bien des temples à l'infini, des multitudes de bons et mauvais génies qu'il gourmande, menace, cajole et implore à tour de rôle ; mais tout cela n'est pas de la religion, c'est de la pure superstition qui ne va même pas très-loin, car il n'y pense qu'à ses heures et ensuite se préoccupe aussi peu de Siva, Mahomet, le génie de la pluie, celui du beau temps, que des innombrables transformations de Bouddha.

Je crois le Chinois tout à fait incapable d'embrasser avec conviction le christianisme ou toute autre religion ; il est trop indifférent, trop matériel pour cela ; il faut de l'enthousiasme, de la croyance pour être religieux, et le Chinois en est complétement dépourvu. Aussi voyez-le : il est bouddhiste parce que son père était bouddhiste, et cela lui suffit ; il n'a pas même besoin de savoir ce que c'est que le bouddhisme ; il en est de même pour ceux qui appartiennent à toute autre secte ou religion. Le chrétien reste chrétien, parce qu'il y trouve son intérêt; quant au christianisme, il ne se trouble pas l'esprit de ce que cela peut être. Le mahométan, écoutez-le. Je demandais un jour à un Chinois, prétendu disciple de Mahomet, de me définir ses pratiques de religion. « Ma religion et ses pratiques, me dit-il, moi pas manger cochon !... » Voilà tout ce qu'il en savait, et cela lui suffisait. Cette réponse résume tout ; car ils sont tous dans le cas d'en faire une à peu près analogue, démontrant l'indifférence la plus complète et le matérialisme le plus abject qui font qu'ils ne sont susceptibles de comprendre que la voix de l'intérêt. — Allez donc prêcher l'Évangile à de pareils gaillards ! Aussi les vieux missionnaires de Chine, voyant que malgré tous leurs efforts le progrès est nul, commencent-ils à reconnaître que c'est prêcher dans le d ésert.

Confucius est le véritable apôtre de ce pays. Il y est vénéré d'une manière générale, surtout parce qu'il a placé sur de solides bases le principe de l'autorité paternelle et la vénération des ancêtres, principe auquel obéissent toutes les sectes religieuses de l'empire. Ce n'est pas sans raison qu'on a appelé cela le culte des ancêtres; car, à peu de choses près, c'est la religion et la loi du pays, et je ne sais pas si, avec les mœurs, coutumes et civilisation des Chinois, cela n'est pas préférable pour eux aux religions qu'on veut leur imposer. C'est, dans tous les cas, la raison principale de leur indifférence en matière religieuse.

La famille est tout dans ce pays. En principe, l'empereur n'était autre chose que le père du peuple, et les mandarins que des délégués chargés d'exercer une partie de l'autorité paternelle, et aussi longtemps qu'empereur et mandarins se sont strictement tenus dans ce rôle, l'empire a été prospère. On s'est malheureusement bien écarté, en pratique, de cette belle théorie, mais le principe est toujours là, aussi vivace que jamais, et il est constamment mis en avant, même par ceux qui s'en éloignent le plus.

La famille est la seule autorité que le Chinois admette avec plaisir; il est si bien habitué à être gouverné par elle, qu'à l'époque actuelle, il n'y a de bonne administration, de bien-être et de contentement que dans les villages, dont quelques-uns sont parfois très-importants, où les mandarins ne mettent pas les pieds, et où tout est réglé par un conseil des anciens, qui n'est autre chose qu'un tribunal de famille.

Le grand législateur Confucius avait tellement

compris l'importance de ce principe pour la Chine, qu'il a poussé à l'extrême la vénération des ancêtres ; aussi voit-on encore aujourd'hui que la récompense la plus insigne accordée à une personne est l'annoblissement de ses aïeux, c'est-à-dire que tel titre nobiliaire conféré par l'empereur à une personne pour un service quelconque, n'est pas transmissible à sa progéniture par voie d'hérédité ; mais, au contraire, remonte à ses parents, grands-parents, aïeux, etc., suivant que l'honneur est plus grand.

L'esprit de famille, chez les Chinois, est aussi complet que chez nous, et il se produit non-seulement par le respect et l'obéissance des enfants vis-à-vis de leurs parents, mais encore par l'attachement des parents pour leurs enfants. Il y a beaucoup de misère en Chine et il s'y trouve des marâtres comme partout ailleurs ; mais, toutes proportions gardées, les enfants n'y sont pas plus abandonnés qu'en Europe, quoi qu'en aient dit les relations des missionnaires qui ont donné lieu à la création de l'Œuvre de la Sainte-Enfance.

Je consacre une journée à revoir Yuen-min-Yuen, ancienne résidence d'été des empereurs de Chine, où on peut se rendre à cheval en moins de trois heures. Tout y est encore dans l'état de dévastation où l'a laissé le corps anglo-français après l'expédition de 1860, et, n'était la répugnance que les Chinois ont à le laisser visiter (ce qui en rend l'accès assez difficile), on croirait qu'ils le laissent en cet état dans le seul but de montrer aux populations ce dont est capable le vandalisme européen. Cette résidence devait être quelque chose de magnifique, à en juger par ses ruines; elle est immense et renferme dans son enceinte une suite de collines peu élevées, sur lesquelles il y a encore les restes plus ou moins ravagés d'innombrables pavillons, kiosques, pagodes, portiques, arches, escaliers monumentaux. Un beau et grand lac artificiel, qui se trouve à l'entrée, avec une île, également artificielle au milieu ; les quais et les promenades dallés en marbre; un escalier construit sur le plan de celui du pavillon de Trianon, conduisant à une belle tour en porcelaine encore debout; des lions et chimères en bronze et en marbre de dimensions colossales, sont ce qu'il y a de mieux conservé.

Le corps anglo-français passe à tort pour avoir complétement pillé les immenses richesses que contenait ce palais, tandis que le feu allumé par les Anglais, au moment du départ, en a consumé pas mal, et que les Chinois eux-mêmes en ont pillé la plus grande partie.

On remarque dans les environs de Yuen-min-Yuen un grand nombre de bonzeries où grouille une multitude de moines paresseux. Les moyens d'existence des milliers de bonzes et bonzesses qu'on voit sur tous les points de la Chine est peut-être l'énigme la plus incompréhensible parmi les nombreuses énigmes contre lesquelles l'étranger se heurte à chaque pas; rien de méprisable comme cette population monacale, aux mœurs relâchées, qui, à quelques rares exceptions près, est aussi ignorante et malpropre que possible. Quelques communautés privilégiées possèdent des propriétés d'une certaine valeur, mais la grande majorité n'a, pour toutes ressources, que la charité publique qui est loin d'être généreuse pour un corps aussi généralement déconsidéré.

Les théâtres sont très-suivis par toute la Chine, et les troupes ambulantes d'acteurs sont très-nombreuses. Il est assez d'usage que des corporations ou de riches particuliers en liesse organisent des théâtres volants, dans leurs maisons, dans un temple ou sur une place publique, et qu'alors des représentations, où le public assiste gratis, soient données pendant plusieurs jours; mais toutes les villes importantes possèdent des théâtres à poste fixe, tous exploités par entreprise particulière, sans la moindre immixtion de la part du gouvernement.

Ces théâtres sont construits sous forme de grands hangards, élevés sans la moindre idée des règles de l'acoustique ; la salle est un parallélogramme, avec entrée à l'une des extrémités et la scène en face ; un étage de loges est généralemeut ménagé autour de la salle et, dans ces loges ainsi que dans toute l'étendue de la salle sont disposés des tables et bancs en bois où les spectateurs se placent et boivent leur thé, fument leur pipe, mangent des gâteaux, des fruits, des graines de pastèques grillées, etc., tout en suivant la représentation ; de plus, ces théâtres servant de lieux de rendez-vous, on ne se gêne nullement pour y discuter ses affaires à haute voix, et tout cela réuni leur donne assez de ressemblance avec nos cafés chantants de bas étage.

Dans le nord de la Chine, les femmes ne sont admises au théâtre sous aucun prétexte ; dans le sud, on en voit quelques-unes parmi les spectateurs, mais c'est très-rare, et je crois seulement dans les théâtres ambulants. Les rôles de femme sont toujours remplis par des hommes et de jeunes garçons ; on m'a dit plusieurs fois qu'il y avait des théâtres où des femmes jouaient, mais après en avoir visité un ou deux, j'ai vu que ces prétendues femmes étaient des hommes déguisés.

Généralement les représentations commencent à midi ou une heure et durent jusqu'à la nuit sans interruption ; mais, le progrès aidant, il y a maintenant quelques rares théâtres donnant des représentations de nuit.

A Pékin, où il y a toujours beaucoup de voyageurs, les théâtres sont nombreux et très-fréquentés, et c'est là où se trouvent les meilleurs acteurs ; le public fait preuve de sympathie ou de son appréciation de talent par des applaudissements qu'il exprime au moyen de hâo ! hâo ! plus ou moins prolongés et modulés ; mais il ne témoigne de sa désapprobation que par son indifférence et l'inattention. Les viveurs et gandins de la capitale, en robes de soie élégantes, garnissent les loges en compagnie de jeunes ganymèdes, qui occupent la place des femmes chez nous.

L'ensemble des représentations est un pot-pourri de pièces historiques, de pièces mythologiques et militaires, de comédies, de vaudevilles, de drames, de piécettes comiques et croustilleuses, se succédant pendant la représentation du commencement à la fin, presque sans interruption, avec accompa-

gnement des sons criards d'un orchestre placé sur
la scène qui se compose' du violon à une corde, de
la flûte chinoise quelquefois, et toujours du gong
et des cymbales.

Les pièces historiques et militaires ne m'ont
paru composées que de longues tirades décla-
matoires à perte d'haleine, de cris perçants, de
contorsions et déhanchements insensés, d'entrées
et sorties, allées et venues continuelles ; le langage
des acteurs dans ces pièces est très-prétentieux,
et quoique le public ne le comprenne généralement
pas, il l'écoute sans sourciller. Quant aux pièces
comiques, elles sont souvent spirituelles et très-
appréciées du public ; les comiques sont presque
toujours bons et j'en ai vu quelques-uns dont le
jeu était si parfait qu'il m'était facile de suivre la
pièce malgré mon peu de connaissance de la
langue.

Il n'y a aucun luxe dans les théâtres chinois, pas
même de la propreté. La salle est nue, les tables
et bancs sont crasseux, les costumes sont souvent
de vieux habits achetés dans les monts-de-piété ;
les décors sont choses inconnues ; la scène est une
simple estrade élevée de trois pieds au-dessus du
sol avec deux portes au fond, l'une à droite et l'autre à gauche pour l'entrée et l'exit des acteurs, et

les accessoires ne vont pas au delà de deux tables,
deux ou trois chaises et quelques bancs et paillassons.

Dans mes nombreuses courses de droite et de
gauche, je suis naturellement souvent arrêté par
les boutiques de bric-à-brac qui ne sont certainement pas rares, et qui, à mon avis, sont le principal
attrait de Pékin; car nulle part en Chine on n'en
rencontre de mieux assorties, par la raison que la
foule de mandarins de toutes les provinces qui se
succèdent dans la capitale composent pour les marchands une clientèle sans égale, toujours avide
d'augmenter sa collection, le bibelot étant à peu
près le seul vrai luxe que se passent les richards
de l'empire du Milieu; aussi voit-on quelques-unes
de ces boutiques qui ressemblent à de vrais musées
où se trouve étalée toute la gamme la plus étendue
de la curiosité, depuis la simple tasse en porcelaine
moderne jusqu'un vase Ming le plus authentique,
depuis le bronze le plus modeste jusqu'aux cloisonnés aux émaux les plus brillants, depuis la boîte
en laque rouge jusqu'aux jades les mieux fouillés,
dont quelques-uns atteignent des prix fabuleux; le
tout assez bien exposé et de manière à tenter l'amateur le plus difficile.

Je passe de longues heures à fureter dans ces

magasins, dont les principaux sont composés d'une foule de pièces à la suite les unes des autres; et comme en admirant toutes ces richesses il est impossible de ne pas se laisser aller à faire des offres, surtout quand, comme moi, on a un goût prononcé pour le bibelot, il se trouve que je fais beaucoup trop bien l'affaire des rusés marchands chinois et que je dois assez vite couper court à ces visites sous peine de voir bientôt ma bourse à sec.

Depuis ma dernière visite à Pékin, les légations étrangères se sont augmentées de celle de Prusse, installée depuis un an. Quoique le séjour de Pékin soit interdit aux commerçants par les traités en vigueur, la population européenne qui y réside commence à devenir assez importante; elle peut être estimée à une centaine environ, en y comprenant le personnel assez nombreux de la douane, celui des légations de France, d'Angleterre, de Russie, d'Amérique et de Prusse, et les missionnaires; elle augmentera encore quand l'Espagne, le Portugal, l'Italie et la Belgique, qui viennent de conclure des traités avec la Chine, y seront représentés.

Chaque légation s'est installée de son mieux dans le terrain qui lui a été concédé. La nôtre est très-bien située, et il est à regretter qu'on ait trop voulu utiliser les constructions chinoises qui s'y trouvaient quand on en a pris possession ; car, avec l'argent qu'on y a dépensé, on aurait pu faire quelque chose de plus complet et certainement de plus confortable ; cependant, en l'état, elle répond encore passablement au besoin du personnel, qui n'est jamais très-nombreux ; elle est entourée d'un parc assez étendu qui en rend le séjour supportable.

L'organisation de nos corps diplomatique et consulaire, en Chine, est loin de répondre aux besoins de la situation. Nos agents, qui sont pris d'un côté et d'autre, arrivent ordinairement sans la moindre connaissance du pays, apportant contre leurs nationaux une certaine prédisposition qui les influence trop souvent d'une manière regrettable dans les affaires entre Français et Chinois ou autres étrangers ; ils reviennent généralement assez vite de ces errements, mais comme on n'a pas l'habitude, chez nous, de laisser longtemps un agent dans le même poste, ils sont généralement changés quand ils commencent à être à même de rendre quelques services sérieux. Les interprètes, dont on ne peut nier l'importance capitale dans ce pays-ci, nous y font grand défaut ; en ce moment, il y en a seulement deux capables de se tirer d'affaire dans tout le service de Chine, et grand nombre d'affaires souffrent de cette pénurie d'agents initiés à la langue du pays.

Notre légation n'est jamais au complet, et son personnel change constamment. Actuellement elle se réduit à un chargé d'affaires, et à un secrétaire interprète, et, sous peu, elle sera composée de figures tout à fait nouvelles, sauf le secrétaire interprète ; tandis que les difficultés qui sont à résoudre avec les Chinois, et surtout _ la position délicate entre toute que fait à la France la protection qu'elle accorde aux missionnaires, nécessiteraient la présence d'hommes éprouvés, possédant des connaissances approfondies sur les affaires chinoises.

Il nous faudrait, en Chine, un corps d'élèves interprètes nombreux, auquel non-seulement la carrière d'interprètes serait ouverte, mais encore celles de consuls, consuls généraux et même ministres en Chine ; avec une pareille perspective, ces jeunes gens prendraient facilement leur parti de consacrer une portion de leur existence à l'extrême Orient, et, avant très-longtemps, nous y aurions des agents capables sous tous les rapports.

Les Anglais, qui ont bien compris cela, ont tou-

jours à Pékin une pépinière d'interprètes ; la plupart
de leurs consulats en Chine sont déjà dirigés par
d'anciens élèves interprètes, et sous peu d'années
tous leurs postes de Chine et du Japon seront entre
les mains d'agents sortant de ce corps. Aussi leurs
affaires sont-elles menées de main de maître par
des gens possédant et la langue et une très-grande
expérience des affaires du pays.

J'ai dit qu'il y a à Pékin un personnel assez nombreux d'employés européens de la douane. On sait
que, depuis un certain nombre d'années, la direction du service douanier de la Chine, pour ce qui a
rapport aux étrangers, est confiée à des Européens ;
au premier abord, cela paraissait n'être que transi-
toire, mais le gouvernement chinois, voyant maintenant le produit des douanes venir régulièrement
dans ses coffres, et reconnaissant fort bien la supériorité de la direction actuelle sur celle des mandarins chinois, qui ne rendaient ni comptes ni argent, semble décidé à laisser ce service sous la
direction européenne. En principe, on n'avait pas
songé à exiger des employés la connaissance de la
langue chinoise ; mais M. Hart, directeur général
actuel, qui est un homme intelligent, pense, avec
juste raison, que les employés supérieurs surtout
doivent connaître le chinois, et pour cela faire, il

les appelle à Pékin à tour de rôle, et leur y fait passer quelque temps dans l'étude de la langue.

Il n'y a pas longtemps que des Européens sont entrés dans le service des douanes chinoises, car en 1854 encore les officiers provinciaux avaient entre leurs mains la manipulation exclusive de tous les droits, qu'ils percevaient d'une manière très-arbitraire. Depuis, les mandarins ont bien gardé la libre disposition de tout ce qui concerne directement leurs nationaux, soit dans les ports où les étrangers sont établis, soit dans le reste de l'Empire, mais ce qui a rapport aux Européens dans les différents ports ouverts par les traités est maintenant placé sous la dépendance d'une institution particulière dont l'origine est assez curieuse pour qu'il soit intéressant d'en dire quelques mots.

Pendant que la cité chinoise de Shanghaï était occupée par une rébellion locale en 1853 et 1854, quelques conflits s'élevèrent entre les étrangers et certaines troupes impériales employées au siége de cette ville ; il devint même nécessaire de donner une leçon aux impériaux, dont l'arrogance n'avait plus de bornes, et en avril 1854, une petite expédition composée des résidents étrangers et de quelques matelots anglais et américains déblaya les abords immédiats des concessions qui étaient devenus rien moins que sûrs.

A la suite de ces événements, beaucoup de négociants européens refusèrent formellement de payer les droits de douane, par l'excellente raison que, loin de jouir de la sécurité garantie par les traités, la propriété et la vie des étrangers étaient mises en danger par le fait même des troupes impériales, à qui il incombait de les protéger. Plus tard, les choses rentrèrent dans le bon ordre; mais les autorités chinoises reconnurent vite que, livrées à elles-mêmes, il leur serait à peu près impossible de percevoir de nouveau les droits de douane, après l'intervalle de non-paiement qui s'était écoulé et avec la contrebande que cet état de choses avait facilité; elles eurent alors recours aux représentants de la France, de l'Angleterre et des États-Unis, les trois seules puissances qui, à cette époque, avaient des traités avec la Chine, et on convint de créer pour Shanghaï un bureau de douanes, à la tête duquel furent placés trois commissaires, un américain, un français et un anglais, qui furent nommés par leurs consuls, mais relevaient du taoutaï ou premier magistrat de Shanghaï.

Ces commissaires s'adjoignirent des employés

européens et organisèrent l'ensemble de leur service
le mieux possible; les droits ne tardèrent pas à
rentrer régulièrement, et cela marcha bientôt si
bien que le gouvernement central songea vite à
étendre ce système dans les autres ports. Le cabinet
de Pékin comprit parfaitement que, par ce moyen,
il lui serait possible de faire arriver au trésor impérial la plus grande partie du produit des douanes
avec une organisation qui devenait honnête par
l'adjonction et la direction d'employés européens,
bien payés, tandis que jusqu'alors la presque
totalité de ce produit était restée entre les mains
des mandarins locaux, qu'il était impossible de contrôler.

Par conséquent, après quelques années d'expérience à Shanghaï, M. Lay, un des commissaires
primitifs, fut nommé directeur général avec mission
d'organiser le service dans toutes les villes ouvertes
au commerce étranger. Un commissaire fut nommé
dans chaque port et des employés européens lui
furent adjoints en nombre suffisant, le tout mar-
chant sous une direction unique et avec une régularité qui simplifia beaucoup les rapports entre les
Européens et la douane, autrefois si difficiles. Cette
organisation a donné lieu à la création d'emplois
très-lucratifs et très-recherchés par les Européens;

ceux de commissaires dans les ports sont surtout le but envié de beaucoup et sont très-considérés.

L'institution s'est graduellement perfectionnée depuis son commencement, grâce à l'habile direction de M. Lay d'abord, et de M. Hart ensuite, qui l'a remplacé il y a déjà un certain nombre d'années.

La contrebande a disparu à peu près complétement; le produit des droits augmente chaque année, et il est une source de revenus considérables pour le gouvernement central, qui peut maintenant se rendre compte de l'excellence du système. Aussi a-t-il fait une position très-importante à son directeur général, qui a su faire placer sous sa direction le service des capitaineries des ports, celui des phares et côtes, et, par son habilité et son énergie, a réussi, quoique étranger, à se faire une place très-élevée parmi les principaux mandarins de l'empire.

D'autres institutions viennent se relier à celle de la douane, par l'initiative de M. Hart. Ainsi il y a déjà à Pékin des professeurs de physique, de mathé- matiques, de stratégie, d'anglais et de français qui sont appelés à faire des cours pouvant devenir fort

utiles plus tard ; ils ne font pas grand'chose encore,
car il faut d'abord connaître la langue des Chinois
avant de pouvoir leur enseigner, mais il pourrait
bien sortir de tout cela quelque chose de très-important pour le pays.

Il y a en ce moment à Pékin beaucoup de Mongols
faisant partie de la suite d'envoyés de principicules
tributaires ; on les voit parcourant les rues à dos de
chameau et à cheval ; ceux qui vont à pied ou en
voiture ne paraissent pas à leur affaire, car le Mongol n'est réellement sur son terrain que quand il est
à cheval.

L'abri d'un toit n'est guère du goût de
ces nomades, et à Pékin on est obligé de mettre
un terrain vide à leur disposition, chaque
fois qu'ils y viennent, pour leur permettre de
planter leurs tentes, qu'ils préfèrent à toute espèce
de maison. Ils sont assez curieux, et visitent les
bazars, les théâtres et surtout les nombreux restaurants, où ils ont l'air de se plaire passablement.

Les descendants des familles mongoles et tartares-
mandchoux, venues au moment de la conquête, ne
conservent presque plus rien de leur origine. Ils
ont pris les mœurs, coutumes et vêtements des
Chinois ; leurs femmes, cependant, ne se torturent

pas les pieds, mais elles se chaussent de souliers à semelles élevées se terminant presque en pointe, afin d'arriver à marcher aussi péniblement que les Chinoises aux pieds de chèvres. Les inscriptions des monuments publics sont, à Pékin, mi-partie en chinois et mi-partie en mandchou ; c'est la seule chose qui rappelle que le trône de Chine est occupé par une dynastie tartare-mandchoue ; car la race conquérante paraît avoir complétement abdiqué et, par le fait, a été entièrement absorbée par la race conquise.

Ces Mongols sont de grands enfants qui n'ont aucune idée de la valeur des choses, et il va sans dire qu'ils sont toujours exploités de la belle manière par les Célestiaux. Rien n'est plus curieux que de voir comment les trafiquants chinois se jettent sur eux à leur arrivée ; on dirait de vrais oiseaux de proie, qui ne les quittent que quand il n'y a plus rien à en tirer, et on voit ensuite ces braves nomades s'en aller avec toutes sortes d'objets, quelques-uns de première nécessité pour eux ; mais d'autres qui leur sont tout à fait inutiles, et dont l'ensemble est toujours bien loin de représenter la valeur de ce qu'ils ont abandonné en échange.

Ils ont cependant parfaitement conscience d'avoir

été trompés, mais ils sont aussi tout à fait convaincus que les Chinois sont créés et mis au monde
expressément pour les voler le plus possible, de
sorte qu'ils les acceptent comme un mal nécessaire
en ayant le plus profond mépris pour eux. Je n'oublierai de longtemps l'indignation d'un lama à
qui l'on demandait trois cents sapèques pour avoir
passé une nuit dans une mauvaise auberge, ce qui,
en effet, était assez exorbitant.

— Trois cents sapèques! répétait-il en égrenant
son chapelet; trois cents sapèques!

Et il continuait cette litanie en faisant plusieurs fois le tour dudit chapelet; puis voyant
que cela n'avançait à rien, et qu'il fallait s'exécuter, il lança les trois cents sapèques à terre
de toutes ses forces, en poussant un énorme kïtat!
accompagné d'un juron mongol d'une longueur
interminable, qui signifiait probablement que tous
les Chinois ne valent pas la corde pour les
pendre.

Ces Mongols sont réellement de bonnes et douces
natures n'ayant presque pas l'idée du mal, car le
vol est à peu près inconnu chez eux et ils sont très-
hospitaliers; en revanche ils attendent la même
hospitalité en retour et se servent sans façon de ce

dont ils ont besoin partout où ils se trouvent. Ils sont très-curieux, touchant à tout, ont envie de tout, et il n'est nullement étonnant que les Chinois en aient aussi facilement raison.

IV

17 décembre.

Le fleuve Peïho étant maintenant complétement gelé, il me prend fantaisie de retourner à Tientsin en traîneau. Je dois par conséquent d'abord me rendre à Tanchow ; et afin d'éviter les cahots qui sont d'autant plus sensibles en voiture dans ce parcours qu'on a parfois à suivre ou à traverser l'ancienne route de Pékin, toute dallée en larges pierres et maintenant en très-mauvais état, je prends une chaise à porteurs, ce qui me permet d'y être transporté bien plus

commodément et en à peu près le même temps
qu'avec un autre mode de transport, c'est-à-dire en
guère plus de cinq heures. Bien entendu qu'à mon
arrivée à Tanchow je ne puis trouver immédiatement les moyens de pousser plus loin, et que je dois
y passer le restant de la journée et la nuit à attendre,
car il ne faut jamais être pressé quand on a affaire
aux Chinois.

Tanchow étant le point d'arrêt de la navigation
dans le Peïho, il y a une certaine activité pendant
toute l'année et surtout pendant la belle saison, car
les neuf dixièmes des marchandises pour et de
Pékin, l'extrême nord de la Chine, la Mongolie et
la Sibérie y sont débarquées ou embarquées suivant
le cas.

Le passage du riz envoyé en tribut à Pékin
y occasionne un mouvement extraordinaire pendant
le printemps; cette denrée y arrive à cette époque
et doit y être débarquée, vannée et nettoyée,
pour être ensuite réexpédiée par charrettes sur la
capitale. Anciennement ce riz allait en bateau jusqu'à Pékin, mais le canal qui y conduisait est envasé
et comblé en plusieurs endroits, et, comme pour
tout le reste, on se garde bien de le remettre en
état.

Dans l'après-midi, je suis relancé par un entrepreneur de transports que j'ai connu il y a cinq ans dans un voyage en Mongolie et dans le désert de Gobi; et comme il veut absolument me festoyer, je me laisse faire et je passe assez agréablement la soirée en sa compagnie.

Deux des convives qu'il a invités pour me faire honneur sont mahométans comme lui, et ils me confirment ce que je savais déjà, que leurs coreligionnaires sont nombreux dans le nord de la Chine et qu'ils y sont assez bien considérés. On trouve assez généralement de belles fortunes parmi eux, et rarement de la misère, ce qui est dû à une espèce de franc-maçonnerie pratiquée tant bien que mal. Ils tiennent beaucoup à avoir leurs mosquées, quoiqu'elles ne leur servent pas à grand'chose, et il y a peu de villes importantes dans cette partie de la Chine qui n'en possèdent au moins une.

Je dis que leurs mosquées sont de peu d'utilité, et cela s'explique par l'indifférence religieuse générale chez les Chinois et dont j'ai parlé plus haut. Ainsi mon amphitryon me raconte que son père a su quelques prières, mais qu'il n'y a jamais rien compris; qu'il a un ami qui se vante de pouvoir réciter quelques versets du Coran, mais sans en connaître le sens, bien entendu, et il ajoute qu'un cer-

tain Mou-la-Maï (Mahomet) est une sorte de Confucius dans sa religion. Quant à leurs mosquées, c'est
une affaire de tradition et même de gloriole, mais
elles ne sont guère fréquentées que par les
curieux.

On rencontre aussi dans cette partie de la Chine
une quantité d'adeptes de sociétés de tempérance
qui suivent assez strictement les règles qu'ils se
sont imposées; les plus nombreux s'abstiennent
complétement de vins et spiritueux, d'autres ne
fument pas l'opium, et on en voit aussi beaucoup
qui ne fument même pas le tabac.

                                    18 décembre.

Je me mets en route de bon matin sur des trai-
neaux d'un nouveau genre pour moi, quoique d'un
usage général dans le nord : ce sont des treillis en
tiges de sorgho disposés sur deux traverses garnies
de patins et mis en mouvement, suivant leur dimension, par un ou deux hommes placés en arrière, les
pieds sur les traverses et se poussant sur la glace
au moyen de bâtons ferrés passés entre leurs jambes. Le voyageur s'étend sur le treillis de sorgho, et
ce moyen de locomotion est assez rapide pour que

j'arrive à Tientsin avant la nuit, en dépit des sinuosités sans nombre de la rivière et de la distance très-considérable, qui fait que, pendant la
belle saison, on met généralement deux bonnes
journées en bateau avec vent et courant favo-
rables.

Pendant les quelques jours que je passe encore à
Tientsin, j'ai naturellement un certain nombre de
visites à faire, et, entre autres, à quelques Chinois,
mandarins et négociants, avec lesquels j'ai eu des
relations dans mes différentes excursions, et qui ne
veulent pas me laisser partir sans me fêter un peu
à leur manière.

Je dois donc me soumettre à l'ordinaire assez fa-
tigant des galas chinois, et, à ce propos, voilà le
menu de l'un des dîners que j'ai savourés en nombreuse compagnie dans le meilleur établissement
de l'endroit, portant le nom prétentieux des *Quatre-
Vertus*, ce dont il m'a été impossible de me faire
expliquer l'origine, qui se noie dans un pathos indé-
chiffrable, en compagnie de celle de toutes les enseignes pompeuses, qui sont le principal ornement
de tout établissement chinois se recommandant
à la clientèle publique.

L'ordre de ce dîner, que je ne dénature en rien, est
à remarquer :

Hors-d'œuvre.

Graines de pastèques grillées ;

OEufs pourris à l'eau-de-vie de riz ;

Noix rances pralinées ;

Sucre candi ;

Raisins frais ;

Grenades ;

Pâtes de coings en quartiers ;

Jujubes fumées ;

Quartiers de poires ;

Porc à l'huile de ricin ;

Canard desséché en morceaux ;

Graines de haricots aux crevettes.

1ᵉʳ Service.

Potage, ailerons de requin et racines de bambous ;

Cervelles de poissons, sauce blanche au gingembre ;

Hachis de viande, pâte molle ;

Petits gâteaux sucrés au saindoux ;

Patates caramelisées ;

Oignons de lis au bouillon sucré ;

Poulet bouilli au gingembre ;

Olothuries sauce noire.

2e *Service.*

Potage, biche de mar et pâtes;
Émincés de jambon ;
Volaille rôtie dépecée;
Rognons et foies sautés;
Potage gras au gingembre et pimenté;
Hachis de viande à l'ail et au céleri;
Petits pâtés feuilletés au sucre;
Champignons au vinaigre.

3e *Service.*

Potage aux jambon, choux et crevettes;
Potage nids d'hirondelles ou de salangane;
Poisson garni d'oignons et de pousses de bambou;
Canard rôti en morceaux;
Riz bouilli.

Liquides.

Thés;
Samshou chaud et froid;
Vin de riz chaud;
Vin de sorgho, chaud et froid;
Eaux-de-vie de grains plus ou moins fortes.

5

Le tout servi dans des diminutifs de plats, as-
siettes, théières, coupes et tasses en porcelaine chinoise coloriée, avec cuillères aussi en porcelaine,
et chacun de nous avec sa paire de bâtonnets en
ivoire ou ébène, ce qui, grâce au manque d'usage
de ceux qui n'étaient pas initiés, faisait faire nombre d'amusantes maladresses.

Pendant ces repas d'apparat, les Chinois font généralement adjoindre, en service ordinaire, de gracieuses Hébés ayant reçu une certaine éducation
musicale; mais à Tientsin, Pékin et dans la province
de Shensi surtout, elles sont ordinairement remplacées par de jeunes garçons de douze à dix-huit
ans, dont l'office est plus particulièrement de
verser le vin de grain bouillant dans des coupes
microscopiques; de garnir de tabac, d'allumer et de
passer à la ronde la pipe à eau dans l'intervalle de
chaque service, de préparer les pipes à opium, et
quelquefois de chanter ou plutôt de crier des airs
interminables avec accompagnement de cas-
tagnettes, de la guitare à trois cordes et de flûtes
discordantes, de manière à former une cacophonie
capable de démonter le tympan le mieux organisé.

Les habitudes chinoises n'admettant pas d'invi-
tations dans les maisons particulières, les réunions

gastronomiques ont toujours lieu dans les restaurants, qui, dans le nord surtout, sont nombreux et fréquentés, à tel point qu'on est souvent obligé de s'y prendre d'avance pour y trouver place jusqu'à des heures assez avancées de la nuit.

Le riz étant loin d'être abondant dans les provinces septentrionales, il y est remplacé par le millet bouilli et des gâteaux et pains de froment ou d'orge pour la nourriture de tous les jours, meilleure ici que dans les provinces du sud et du centre, attendu qu'aux poisson salé, porc et légumes consommés à peu près exclusivement là-bas, on ajoute ici une certaine quantité de viande de bœuf, mouton, venaison, etc. Les grands repas sont à peu près ordonnés de la même manière par toute la Chine, avec cette différence cependant qu'ils sont mieux assaisonnés dans le nord et présentent une plus grande variété par le fait de l'addition de viandes de boucherie et de gibier, en sorte que parfois, nous autres Européens, pouvons nous en accommoder sans trop de répugnance.

C'est à coup sûr à cette nourriture plus substantielle qu'il faut attribuer l'apparence de santé qu'on remarque généralement chez les gens du nord. On ne voit guère parmi eux de ces natures obèses à l'extrême qu'on remarque assez souvent dans le restant de la Chine, et qui sont pour tout Européen le vrai type du poussah chinois; mais au contraire ils sont généralement bien bâtis et ont l'air assez robuste. Quelques-uns d'entre eux ont une stature assez élevée, les traits s'écartant du type chinois pour se rapprocher de l'arabe et ils sont très-cuivrés. A ce propos, je ne puis m'empêcher de faire la remarque qu'en général ce sont les habitants de l'extrême nord de la Chine qui ont le teint le plus foncé.

Ce sont aussi de très-bonnes natures, voyant les Européens d'assez bon œil et comprenant très-bien le parti qu'ils peuvent tirer de leur fréquentation. Par contre ils sont relativement très-ignorants, car il n'y a pas plus de vingt pour cent de la population qui sache lire et écrire dans les quatre ou cinq provinces du nord, tandis que dans le restant de l'empire on ne rencontre presque personne, même parmi la classe la plus infime, qui ne soit capable d'écrire couramment et surtout ne sache parfaitement compter. Les écoles primaires sont très-nombreuses dans la plus grande partie de la Chine, et il n'y a guère de villages qui n'en possèdent plusieurs où les enfants sont réunis et répètent leurs leçons en chœur et à tue-tête.

Il y a un mouvement extraordinaire ces jours-ci

dans toute la ville, par suite d'une fête qui me rappelle beaucoup celle à laquelle j'ai eu la chance d'assister ici il y a quelques années, au printemps. A cette occasion, il y avait théâtres publics en permanence, illuminations pendant la nuit, processions interminables pendant la journée, avec chars de triomphe, bannières en profusion et, chose particulière, arbres entiers portés par de nombreux coolies, aux branches desquels étaient attachées des grappes d'enfants qui avaient l'air enchanté du rôle qu'ils remplissaient. Les femmes, qui ne sortent pas ordinairement, se montraient en grand nombre à cette fête, qui était, du reste, celle des matrones; aussi toutes celles qu'on voyait étaient-elles vieilles et laides.

Le commerce fait en grande partie les frais de ces cérémonies, dont il profite le plus possible, car je n'ai jamais vu à Tientsin une activité de vente au détail et un transport de marchandises comparables à ce qu'on voit dans ces circonstances.

Une particularité de cette fête est l'exposition et la promenade par les rues d'une multitude très-variée de plantes et arbustes qui sont tirés des nombreuses serres très-bien comprises qui se trouvent à l'ouest de la ville, et où leurs propriétaires gardent avec grand soin pendant l'hiver non-seulement ce qui leur appartient, mais encore de très-grandes quantités de sujets précieux qui leur sont pour ainsi dire donnés en nourrice par des personnes ne se souciant pas de prendre la peine de les hiverner eux-mêmes.

On répare activement les dégâts causés par le dernier incendie dont j'ai parlé, et dont il ne restera bientôt plus de traces. De tous côtés on voit des marchands ambulants offrant toutes sortes de morceaux d'étoffes brûlées, que les Chinois réussissent à utiliser, quelle que soit leur exiguité, dès l'instant où cela ne coûte rien ou presque rien.

Depuis que je suis ici, il fait un temps remarquablement beau. Les conditions climatériques du nord de la Chine sont, du reste, tout ce qu'on peut désirer de plus agréables, pendant presque toute l'année et surtout en hiver : ciel pur, très-peu de pluies, atmosphère sec et air sain ; il y a bien parfois de violents orages, mais ils sont rares et ne durent pas.

24 décembre.

Je donne aujourd'hui la dernière main à nos préparatifs du voyage à Shanghaï par terre, que,

depuis quelque temps, Sandri et moi avons pro-
jeté. Comme nous devons être en route une trentaine de jours et qu'il ne faut compter que médiocrement sur les ressources des pays à traverser, on
ne saurait trop prendre de précautions avant le départ, afin de ne manquer d'aucune des choses essen-
tielles en route, sans cependant s'embarrasser des
objets dont on peut à la rigueur se passer. Ainsi,
pour la nourriture, nous nous bornons à emporter
du pain et quelques conserves, nous en rapportant,
pour le reste, à ce que nous pourrons trouver dans
les villages que nous visiterons, et prenons la dé-
cision de nous contenter de thé pour boisson, une
provision de liquide étant par trop encombrante.

La plus grande partie du voyage devant se faire
en voiture, ce n'a pas été sans recherches et sans de
nombreux pourparlers qu'il a été possible de réunir
les quatre qui nous sont nécessaires, d'autant plus
que notre intention n'est pas de suivre la route ordinaire, mais bien de pousser une pointe dans la
province du Houan. Nous réussissons cependant à
avoir ce qu'il faut, à raison de 35,000 sapèques
par voiture, prix qui, quoique plus élevé que celui
qu'auraient payé des Chinois, n'est cependant pas
exagéré, attendu que ces voitures seront employées
pendant vingt-quatre jours environ. Quoiqu'il soit

assez probable qu'ils ne nous seront nullement demandés, je me suis procuré de bons passe-ports du ministère des affaires étrangères pendant mon séjour à Pékin, ce qui fait que nous sommestout ce qu'il y a de plus en règle à cet égard ; il reste à nous y mettre également au sujet de quelques visites d'adieu indispensables, et c'est ce que nous faisons à la hâte dans l'après-midi.

V

Nos effets ayant été chargés hier soir, nous sommes debout de grand matin, et partons à quatre heures, par un temps superbe et avec un froid très-vif qui fait apprécier à leur juste valeur les couvertures et fourrures dont nous avons eu le bon esprit de nous approvisionner en abondance.

Les voitures chinoises étant on ne peut plus exiguës (80 centimètres de long sur 40 de large), nos quatre voitures ne présentent, en somme, que le strict nécessaire; deux sont spécialement affectées au transport de nos précieuses personnes et des objets de literie, et les deux autres ont peine à contenir nos deux boys, nos bagages et les provisions.

Dans le but de combattre en partie les cahots nhérents aux véhicules et chemins chinois, nous avons fait rembourrer nos voitures au fond et sur les côtés, le devant restant ouvert, comme aussi nous avons fait scier une partie de leur fond et adapter une caisse en dessous, de manière à former une espèce de siége, chose très-essentielle, et que les Chinois n'apprécient pas du tout, puisque leurs voitures en sont tout à fait dépourvues.

Ces changements et améliorations ont apporté aux voitures tout le confortable dont le genre est susceptible, et nous y sommes relativement assez bien.

Les routes chinoises sont toutes établies de la manière la plus irrégulière, faisant des tours et détours à droite et à gauche, sans raison appréciable, autre que le caprice de ceux qui les ont tracées ou la fantaisie des propriétaires limitrophes. Comme elles n'ont jamais été le moins du monde entretenues depuis leur orignine, il s'ensuit que le travail de tous les jours, pendant des siècles, les a creusées graduellement de manière à les mettre en contre-bas des terrains qu'elles traversent à une profondeur plus ou moins grande, suivant la nature du sol et l'importance du trafic; ce qui fait qu'avec les pluies elles se transforment en bourbiers d'autant plus impraticables qu'elles sont inondées par l'écoulement des eaux qui s'y fait de droite et de gauche, et pendant la sécheresse elles sont recouvertes d'une couche de poussière très-épaisse, ajoutant au désagrément très-fort qui lui est naturel un danger réel, en dissimulant les profondes ornières dans lesquelles on enfonce à chaque pas.

Il est évident qu'avec de pareilles routes on ne fait pas beaucoup de chemin pendant sa journée; nous allons presque toujours au pas, quoique nos voitures soient assez légèrement chargées et que chacune d'elles soit attelée de deux bons mulets, le trot n'étant atteint que très-rarement, quand l'état du chemin est un peu moins mauvais ou par suite de mouvements de jovialité extraordinaire des mulets et muletiers. Du reste, cette allure est, pour ainsi dire, obligatoire par le fait que, les Chinois n'étant jamais pressés, ils n'ont pas encore senti le besoin d'organiser des services de relai, ce qui met dans l'obligation de garder les mêmes bêtes pendant toute la durée du voyage et, par suite, de se borner à faire deux étapes par jour, de chacune 60 lis en moyenne, ou 25 à 30 kilomètres ; soit 50 à 60 kilomètres par jour. Cela ne manque pas de faire une assez belle moyenne, à la longue, et d'exiger d'assez robustes bêtes.

Arrivés à neuf heures et demie à Yé-Wan-San, village qui, étant le point de jonction d'un certain nombre de routes rayonnant vers le sud et l'ouest en s'éloignant de Tientsin, n'est presque composé que d'auberges. Nous en repartons à onze heures.

Le trafic est moins grand à partir de ce village qu'il l'est depuis Tientsin ; cependant on rencontre encore des voitures et brouettes en quantités très-raisonnables.

La direction de la route à suivre est à peu près plein sud durant une douzaine de jours, et pendant les premières journées, nous devons traverser une partie de cette immense plaine d'alluvion qui, partant des bords du golfe de Petchili, s'étend très avant dans l'intérieur du pays, et est d'une fertilité passable, sauf dans la portion bordant la mer, laquelle n'étant pas découverte depuis très-longtemps, est encore partiellement inondée et salée. Ce que nous en parcourons aujourd'hui est bien cultivé, et parsemé de nombreux villages de toute importance, voire même de quelques villes, dont

une entourée de murs en très-mauvais état, que
nous longeons en traversant les faubourgs.

Outre les cultures ordinaires du millet, fromeut,
sorgho, coton, etc., le pays parcouru aujourd'hui se
distingue par de nombreuses plantations de juju-
biers, de quelques poiriers et pommiers.

A quatre heures nous arrivous à Tan-Koun-Tong,
qui est l'étape où nous devons passer la nuit. C'est
un grand village dans lequel il y a en ce moment
une foire assez importante, où nous voyons étalés
toutes sortes d'articles indigènes, et surtout de très-
grandes quantités de grains; les seuls objets d'importation que nous pouvons découvrir dans la
masse sont quelques allumettes et des seaweeds.

Bon nombre de jonques sont prises par les glaces
dans le grand canal, sur lequel le village est situé.

Les deux boys prétendant être des cuisiniers
distingués, nous leur confions la direction de la
queue de la poêle, avec d'autant plus de plaisir
que nous sommes fort peu désireux d'être enfumés
dans ces affreuses cuisines d'auberges chinoises.

26 décembre.

En route de nouveau à cinq heures, après avoir
perdu beaucoup de temps à réemballer et rechar-

ger la partie des effets déchargée hier, et surtout par la paresse des voituriers, qu'il n'y a moyen de faire lever qu'avec l'aide d'arguments *ad hominem*.

Au point du jour, nous rencontrons une troupe de quatre à cinq cents soldats qui probablement changent de garnison. Quelques-uns sont porteurs de bannières triangulaires et quelques autres de mauvaises lances ; mais la plus grande partie s'en va les bras ballants et l'ensemble a l'air fort peu guerrier. Ils vont en assez bon ordre et marchent avec une lenteur désespérante, nullement en rapport avec leur départ matinal.

Nous arrivons à neuf heures et demie à Sing-Dzié, après avoir passé un lit de canal à sec, probablement une ancienne branche du grand canal abandonnée par suite d'inondations et de changements de cours. Sing-Dzié est très-important, et nous avons la chance d'y tomber sur une des meilleures auberges chinoises que j'aie encore vues, où nous trouvons en abondance viandes, légumes et fruits pour notre déjeuner.

Repartis à onze heures. Comme nous nous sommes un peu rapprochés des bords de la mer depuis hier, le pays que nous traversons pendant une grande partie de la journée est peu habité et encore moins cultivé. A trois heures, nous longeons Tching-Sang-

Tchéou, ville murée, presque en ruines, et à quatre heures nous arrivons à Tien-Ta, où nous passons la nuit.

Sauf quelques rares habitations d'une certaine importance et les miaos ou temples et bonzeries que possède à peu près toute agglomération chinoise, les villes et villages, dans cette partie de la Chine, sont uniformément composés de maisons n'ayant qu'un simple rez de chaussée, bâties en terre et couvertes en chaume. Loin de faire exception à cette règle, les auberges se font souvent remarquer par leur aspect misérable; celles qui sont bien fréquentées ont parfois une apparence extérieure en dehors du commun, mais à l'intérieur elles sont tout aussi peu confortables que peuvent l'être des établissements destinés à abriter et héberger le bon public, et montrent combien les Chinois sont indifférents à tout ce qui peut contribuer au bien-être en voyage.

Ces auberges d'une étendue plus ou moins grande, suivant leur importance, sont toutes construites sur le plan uniforme du caravansérail oriental; c'est-à-dire que ce sont des cours spacieuses ayant accès sur la route au moyen d'une grande porte cochère, et qui sont entourées de constructions très-basses divisées en un certain nombre de

chambres généralement à deux compartiments,
servant également de lieu de repos et de salle à
manger pour les voyageurs. Ces chambres, qui
n'ont pour parquet que le sol battu au niveau de la
cour, dont les murs en terre sont tout à fait nus et
la toiture en chaume nullement dissimulée, n'ont
pour portes et fenêtres que des chassis en bois mal
joints, recouverts de papier en guise de verre à
vitre, presque toujours percé à jour, de manière
à laisser entrer librement le vent, le froid et même
la pluie au besoin. L'ameublement de ces chambres
est d'une simplicité primitive, et se compose invariablement d'une table, de deux chaises ou deux
bancs en bois recouverts d'une couche de crasse
d'une épaisseur respectable, et d'un kang ou lit de
camp recouvert d'une sale natte souvent habitée,
sur laquelle on dispose les objets de literie qu'on
a le soin de porter avec soi, les lits ordinaires n'é-
tant nullement en usage dans ces établissements
modèles. Les kangs sont usuellement chauffés au
moyen de foyers disposés à leur intérieur et alimentés avec de la paille de sorgho; mais comme
ce procédé n'agit que partiellement et a trop souvent pour effet de faire courir la vermine et de
rôtir le dos pendant que les pieds se gèlent, nous
trouvons qu'il est plus avantageux de s'en dispenser

et de le remplacer par nos fourrures et couvertures.

La cuisine, générale pour tout l'établissement, se
trouve près de l'entrée et sert de dortoir et de ré-
fectoire pour tous les voituriers; aussi est-elle toujours d'une saleté repoussante qui empêche d'y
mettre les pieds. En face de l'entrée et au fond de
la cour, on voit invariablement une chambre paraissant mieux disposée que les autres et qui est,
par ordre supérieur, destinée à recevoir les mandarins de passage; c'est celle que nous prenons
généralement, non qu'elle soit plus propre ou
mieux fermée que les autres, mais parce qu'elle est
un peu plus élevée et, par suite, moins humide.

La cour sert à la fois de remise et d'écurie, quoiqu'elle ne soit nullement abritée. Les voitures sont
disposées devant les chambres des voyageurs, et
les mulets et chevaux sont pêle-mêle au milieu de
la cour, et quel temps qu'il fasse, avec leurs pro-
vendes dans des auges portatives; comme il y en a
presque toujours quelques-uns de vicieux dans le
nombre, on est à chaque moment exposé à recevoir
quelques ruades en circulant dans la cour, et de
plus, c'est un concert de coups, de cris et de hen-
nissements pendant toute la nuit, auquel on ne
s'habitue que difficilement.

La nourriture et l'entretien des mulets et chevaux sont aussi peu compliqués que leur logement : à l'arrivée, le soir, ils sont immédiatement dételés et laissés libres de se rouler à discrétion dans la poussière ; après cela on leur donne des roseaux et de la paille de sorgho hachés en abondance, et ce n'est que deux ou trois heures après l'arrivée qu'on leur donne une petite quantité de millet ou de maïs mélangé de haricots. Vers le matin, on leur donne de nouveau des roseaux de la paille hachés et un peu de son avant le départ, de même qu'au moment du relai du milieu de la journée, pendant lequel ils ne sont pas dételés. On ne leur donne à boire que trois fois par jour, une fois entre chaque relai et une fois le soir ; quant à la brosse et à l'étrille, l'usage leur en est complétement étranger, et il faut croire que cette manière de soigner les bêtes ne leur est pas préjudiciable, car je n'en ai jamais vu de douées d'une robusticité plus grande que celle de ces pays-ci.

Comme les routes sont très-fréquentées dans tout le nord de la Chine, les auberges sont très-nombreuses, non-seulement dans les points de relais usuels, mais encore parfois en dehors des villages. Dans les parties de la Chine qui sont coupées en tous sens par les canaux, le bateau devenant la

demeure des voyageurs, les auberges sont beaucoup
plus rares.

27 décembre.

Les deux étapes à faire aujourd'hui étant remarquablement longues, nous partons à deux heures
du matin, en vertu de la règle que nous avons établie, dès notre départ de Tientsin, de partir chaque
matin le plus tôt possible, afin d'arriver régulièrement à la couchée avant la nuit, ce qui est certainement une bonne manière de faire, quoiqu'elle
ne soit guère du goût de nos voituriers, qui, race
de joueurs et de coureurs, passent une partie
de leurs nuits dehors et sont ensuite peu disposés à
partir quand vient le moment. Ils sont bien obligés
de s'habituer à faire comme nous l'entendons, mais
pas sans rechigner, par exemple, car aujourd'hui
ils font preuve de leur mauvaise humeur en nous
secouant affreusement pendant les deux ou trois
premières heures de marche, et en faisant de leur
mieux pour nous faire verser, à deux ou trois reprises, ce qui vaut à l'un d'eux une correction bien
sentie.

Nous ne nous écartons jamais du grand canal, que
nous longeons même de temps en temps, et que

nous devons suivre de cette manière jusqu'au moment où nous irons droit vers l'ouest, dans la
direction du Honan, pour venir le reprendre ensuite près de l'ancien lit du fleuve Jaune.

Quel gigantesque travail que ce canal, et quelle
pitié que la décadence du pays soit arrivée au
point de laisser s'en aller en ruines la seule œuvre
immense, vraiment utile, que la Chine ait jamais
possédée! Ce canal est le résultat de l'activité d'une
époque de prospérité, passée depuis longtemps, et
que le gouvernement actuel, non-seulement est
incapable de poursuivre, mais qu'il n'a pas même
le courage d'entretenir.

La partie que nous longeons actuellement n'est
autre chose qu'une rivière canalisée depuis Lin-
tsin-Tchou, dans le Shantong, jusqu'à Tientsin, où
elle rejoint le Peïho, c'est-à-dire pendant soixante-
dix lieues environ; plus loin que Lin-tsin-Tchou, le
canal se continue dans la direction du sud jusqu'au
Hoang-Ho ou fleuve Jaune, pour reprendre ensuite
sur l'autre rive et descendre vers le Yang-tze-
Kiang et jusqu'à Hanchow. A Lin-tsin-Tchou, appelé aussi le point de la répartition des eaux, aboutit une rivière dont les eaux sont divisées en deux
parties pour alimenter également la partie nord du
canal dans la direction de Tientsin, et la partie sud

dans la direction du fleuve Jaune. Comme il a fallu
niveler le lit du canal dans tout son parcours, pour
régulariser son courant, il arrive qu'il est plus
haut et plus souvent au même niveau que la plaine
qu'il traverse, ce qui a obligé à faire sur les deux
côtés des embanquements quelquefois très-élevés,
qui forment une vraie barrière arrêtant l'écoulement des eaux pluviâles. Pour remédier à cela on
avait, à l'origine, creusé des canaux de décharge
avec écluses et déversoirs très-bien disposés de distance en distance le long du canal; mais le travail
du temps et les inondations, ayant eu beau jeu avec
l'incurie chinoise, ont comblé les canaux de décharge et détruit les écluses, au point que maintenant il n'existe plus que des traces de ces superbes
travaux, et que les plaines situées à l'ouest sont
régulièrement inondées par les pluies périodiques
ne trouvant plus d'écoulement, tandis que la partie
qui se trouve à l'est souffre à peu près constamm-
ment de la sécheresse. Je trouve à chaque pas des
restes des ces anciens travaux, dont le dépérisse-
ment est la honte de la génération actuelle, tout
comme l'envasement du canal, son rétrécissement,
son manque d'eau à certaines époques et la destruction partielle de ses berges et quais, toutes
auses réunies qui, depuis de longues années, en

ont interrompu la navigation en beaucoup d'endroits. On dit qu'on est actuellement occupé à en réparer les points les plus essentiels ; il serait grandement à désirer que, non-seulement il en fût ainsi, mais qu'il fût vite remis en état sur tout son parcours ; malheureusement c'est un acte de trop grande énergie pour qu'il soit permis de l'attendre du gouvernement chinois avant de longues années.

A neuf heures et demie, nous arrivons à un grand village appelé Pataou, dont l'approche nous est annoncée longtemps à l'avance par des cris perçants et la cacophonie qui est invariablement le résultat de la réunion des instruments de musique chinois. A entendre ce vacarme, on supposerait que le pays est sens dessus dessous, tandis que ce n'est que l'expression de la joie des habitants en liesse à l'occasion d'une fête particulière au village.

Nous repartons à onze heures, et le vent étant devenu assez fort, nous avalons de la poussière à foison.

Le pays continue à être peu habité, la plaine monotone que nous traversons étant loin d'être douée d'une grande fertilité.

Arrivés à quatre heures à Lin-Tsien, bêtes et gens paraissent très-satisfaits de se trouver un gîte, après une assez longue journée.

Le pays dans lequel nous sommes depuis hier matin est en partie habité par des musulmans, et il paraît qu'il est assez mal famé, car on ne nous parle que d'histoires de voleurs; aussi trois ou quatre voitures de voyageurs chinois se sont-elles tacitement placées sous notre protection et ne nous quittent pas d'un pas, malgré notre manière excentrique de voyager; de plus je remarque, à l'entrée de chaque auberge, une garde composée de quelques volontaires armés de lances, piques, bambous et fusils à mèche, qui seraient assurément les premiers à fuir devant le moindre danger.

VI

28 décembre.

Les Chinois sont tellement esclaves de leurs
coutumes, qu'on est tenté de croire qu'ils le seraient
aussi de la régularité; mais il n'en est rien, et la
route à parcourir, qui était hier de 145 lis, n'est plus
que de 80 lis aujourd'hui; aussi ne partons-nous qu'à
cinq heures, poussés par un vent assez fort qui sou-
lève des flots de poussière capables de nous
étouffer.

Relayé à dix heures à Sin-Yuate, village entouré

de murs en briques crues élevés par les paysans pour se garantir des voleurs.

Il paraît que ces histoires de voleurs sont réellement prises au sérieux; car quand nous quittons Sin-Yuane à dix heures et demie, quatre braves miliciens s'arment de lances et de piques et se mettent à nous escorter. Comme ils ne peuvent se dispenser de ce service qui leur est imposé par ordre supérieur, nous le leur laissons faire, quoique parfaitement convaincus de son inutilité. Je remarque que presque tous les Chinois que nous rencontrons sont porteurs de quelque arme apparente, et ceux qui se montrent les plus fiers sont les heureux possesseurs de quelque vieillerie européenne; ainsi j'en vois qui étalent avec importance de vieux pistolets à un ou à deux coups, qu'ils se sont bien gardé de charger ou amorcer; d'autres portent suspendus au cou des sacs à plomb ou des poires à poudre vides, et tous sont on ne peut plus certains de l'efficacité de pareils engins qui les font passer pour de vrais braves aux yeux de leurs plus paisibles compatriotes.

A trois heures nous arrivons à Taï-Chow, où, les voituriers avouant qu'ils ne connaissent pas la route pour aller plus loin, nous devons nous mettre à la recherche de quelques-uns de leurs confrères plus expérimentés, afin de les mettre au courant. Cette déclaration ne m'étonne pas du tout, car j'étais d'avance assuré que leurs connaissances ne dépassaient pas les environs de Tientsin, à plus de trois ou quatre journées de distance, quoiqu'ils eussent affirmé au départ qu'ils savaient leur chemin sur le bout du doigt pour aller dans toutes les villes possibles : ces braves gens ne se gênant pas d'affirmer tout ce qu'on veut, et ne se laissant prendre en défaut qu'à la dernière extrémité.

Taï-Chow est notre premier point d'arrêt dans la province de Shantong, les limites entre cette province et le Petchili étant sur la route parcourue, à une heure avant d'arriver à Taï-Chow. Cette ville, qui a été très-prospère au moment où la navigation du grand canal qui la longe était florissante, n'a conservé que le peu d'activité que lui donnent la grande route impériale partant de Pékin dans la direction du sud, et celle du nord et du sud du Honan, du Petchili et du Shantong qui s'y croisent. L'intérieur est assez triste, et le peu de trafic qui s'y fait est concentré dans les faubourgs qui sont très-étendus, ainsi qu'il arrive, du reste, à peu près dans toutes les villes murées de Chine, le commerce ayant son avantage à se trouver le moins possible sous la coupe immédiate des mandarins, toujours disposés à le pressurer. C'est ce qui fait que les villes murées, demeures fixes des mandarins, sont toujours plus ou moins vides, pauvres et mortes, et qu'en dehors des yamens, tribunaux et temples passablement délabrés, il n'y a le plus souvent que des masures qui les rendent très-peu intéressantes à visiter, les faubourgs en étant généralement la seule partie animée et digne d'être parcourue. Il faut en excepter toutefois quelques capitales de provinces, résidences de vice-rois, dans lesquelles leur entourage et leur suite apportent un peu de vie et quelque semblant de prospérité.

Nos boys passés à l'état de cuisiniers volontaires, ayant tout le temps nécessaire, se distinguent réellement dans la préparation du dîner d'aujourd'hui; ils sont du reste plus habiles que je les aurais supposés et, comme un voyageur de ma sorte ne doit pas être difficile sous ce rapport, et en Chine surtout, je suis plus que satisfait de leur talent, qui, cependant, laisserait beaucoup à désirer en France. Les provisions ne manquent pas, car on trouve assez facilement du bœuf, de la volaille, des légumes, etc., mais il n'y a pas moyen d'avoir la moindre côtelette, quoique de temps en temps nous apercevions d'assez nombreux troupeaux de moutons de l'espèce, très-commune dans le nord, qui possède en guise d'appendice caudal un paquet de graisse pesant jusqu'à douze et quinze livres.

29 décembre.

Moins on fait et moins on veut faire! La vérité de ce dicton est confirmée par la lenteur que nos voituriers mettent à se préparer ce matin, quoiqu'ils aient eu tout le temps voulu pour se reposer depuis hier à trois heures; aussi est-il cinq heures quand nous parvenons à nous mettre en route.

Relayé à neuf heures, à Kou-sé-Pou, dont nous repartons à 10 heures et demie. Peu de temps après, nous rencontrons un messager impérial faisant route vers Pékin à franc étrier, avec une ceinture jaune contenant des dépêches et un petit drapeau jaune triangulaire planté dans le dos qui indique qu'il est porteur de message très-pressé et de la plus haute importance.

Le gouvernement chinois a eu de tout temps un service de courriers très-bien organisé, qui lui permet d'expédier des dépêches avec une grande rapidité, ainsi qu'on en a eu un exemple lors de l'échec du Peïho en 1859, qui a été connu à Shanghaï en trois jours, ce à quoi personne ne pouvait croire au premier abord. Ces courriers sont divisés en deux catégories : les premiers, appelés courriers de feu, sont censés devoir faire mille lis en 24 heures, ne sont expédiés qu'extraordinairement, et, comme celui rencontré aujourd'hui, ils se distinguent par une ceinture et un petit pavillon jaune ; les autres ne sont tenus qu'à une vitesse beaucoup moins grande, sont employés fréquemment et n'ont que la ceinture jaune pour signe distenctif. Dans le nord, ces services se font à cheval, mais dans le Kiang-Nan, Ché-Kiang et autres provinces coupées par un réseau de canaux, ils se font par le moyen de bateaux très-légers montés par un seul homme qui, employant à la fois la godille et l'aviron, les mains et les pieds, les fait mouvoir avec une rapidité extraordinaire.

Le gouvernement ne s'occupe pas du tout du service postal et laisse l'initiative particulière l'organiser comme elle l'entend. Cela n'en va pas plus mal pour cela, car les transports de dépêches se font dans tout l'empire d'une manière très-régulière et d'autant plus économique que, les arrangements avec le ciel étant mieux pratiqués en Chine que partout ailleurs, il n'est pas rare de voir chevaux, bateaux et hommes, spécialement affectés au service gouvernemental, se trouver momentanément à la disposition des entrepreneurs de poste, bien entendu par le moyen de compromis profitables aux deux parties.

Nous arrivons à quatre heures à Yo-Tsanc, où les aubergistes se disputent entre eux à qui nous aura, et, au fur et à mesure que nous passons devant leurs établissements, se jetent à la tête des mulets pour nous décider à entrer. Notre choix tombe sur le moins importun, ce qui paraît aux empressés une assez drôle de manière de récompenser leurs prévenances.

Il y a presque du plaisir à voyager dans ces pays-ci, car les habitants ne sont pas ennuyeux et insolents comme beaucoup de ceux du Kiang-Nan et du Kouang-Tong surtout. Ils sont tout aussi curieux, il est vrai, mais ils ont avec cela un air bienveillant et des manières assez polies qui tempèrent leur curiosité ; tous se précipitent sur notre passage pour nous considérer, mais ils se tiennent à distance et se retirent de bonne grâce quand on leur fait comprendre qu'on désire avoir de l'espace autour de soi, se bornant à se tenir en observation en prenan la posture du paysan chinois, qui est de s'accroupir sur les talons les uns à côté des autres, de manière à laisser supposer qu'ils accomplissent certaine opération qui ne se fait ordinairement pas dans la rue et en si nombreuse compagnie.

Les chiens, prenant probablement modèle sur leurs maîtres, sont aussi peu désagréables que possible et nous voient passer avec la plus grande indifférence, tandis que ceux des pays fréquentés par les Européens les dépistent au flair, et sont à leur égard tout ce qu'il y a de plus hargneux et agaçants. Par exemple, ils sont aussi repoussants que la masse de ceux que j'ai vus dans toutes les parties de la Chine : c'est toujours la même race, moitié roquet et moitié chien-loup, race lépreuse, galleuse, efflanquée et crevant de faim.

30 décembre.

Les veilleurs de nuit font, dans ces parages, preuve d'un zèle remarquable, et, à force d'exercice, ils ont presque fait un instrument du fameux morceau de bambou, sur lequel ils frappent à coups redoublés. Généralement, ces intéressants gardiens de chaque établissement chinois bien tenu se bornent à faire des tournées toutes les demi-heures ; mais ici ils s'acquittent bien mieux de leur besogne, et pendant la nuit entière ils n'ont pas

cessé d'exécuter des batteries aussi variées qu'é-
nervantes pour de malheureux voyageurs ne sou-
pirant qu'après le repos et la tranquillité. Nous
devions nous attendre à ce tapage, en tous cas, car
l'aubergiste nous avait prévenus hier soir, qu'en
raison de la quantité de voleurs qu'il y a dans ce
pays, on est tenu d'exercer une surveillance très-
active. Je ne sais pas si les voleurs sont aussi nombreux qu'on veut bien le dire, mais, ce qui est
incontestable, c'est qu'ils sont bien inoffensifs pour
s'arrêter devant de pareils moyens de défense.

Quoique ma voiture soit bien loin de ressembler
à une couche moelleuse et stable, ce n'est pas sans
plaisir que je m'y installe au moment du départ, à
quatre heures, espérant m'y rattraper un peu de
ma nuit d'insomnie, en dépit des secousses et
et cahots de tous les instants.

En sortant de Yo-Tsane nous quittons la route
impériale que nous suivions depuis deux jours, et
qui est moins tortueuse que les autres le sont généralement. Nous prenons une route beaucoup
moins importante, devant nous conduire assez directement vers la capitale du Honan.

Depuis Taï-Chow le pays est redevenu généralement cultivé et paraît doué d'une fertilité passable;
aussi le blé et le coton, qui sont les deux principaux

articles de culture, y sont-ils produits en assez grande abondance, surtout eu égard à la déplorable manière de cultiver la terre en Chine. La monotonie de la plaine y est aussi un peu rompue par les arbres en assez grande quantité qui entourent de nombreux villages, et parmi lesquels on remarque de superbes saules, peupliers blancs et quelques arbres fruitiers.

Encore plus nombreuses que les bouquets d'arbres entourant les villages, sont les plantations de cyprès, ifs et autres arbres verts qui couvrent de leur ombre les cimetières, entretenus avec un soin tout particulier. Outre ces cimetières, on voit aussi dans la province du Shantong quelques tumulus isolés, mais c'est la rare exception, tandis que dans le restant de la Chine, c'est la règle de sépulture pour tout individu possédant la moindre parcelle de terrain, les cimetières y étant seulement à l'usage de ceux qui n'ont pas un pouce de terre au soleil; aussi toutes ces tombes disséminées sur le sol chinois lui donnent-elles l'apparence d'une vaste nécropole.

Nous rencontrons beaucoup de brouettes à voiles chargées de marchandises, et qui donnent le plus grand mal à ceux qui les dirigent, car c'est loin d'être une sinécure que de les tenir équilibrées.

Nous déjeunons à huit heures à Kaon-tang-Chow, qui est encore une ville murée, dont nous repartons à neuf heures et demie.

A quatre heures nous arrivons à Taen-ping-Shien, où nous passons la nuit.

31 décembre.

Les petits veulent beaucoup trop souvent se donner une importance inutile! Nous en avons un exemple dans l'endroit que nous quittons, l'un des plus misérables shiens ou villes de troisième ordre, dont l'enceinte murée n'a pas au delà de deux cents pas de diamètre ; malgré cela, ou plutôt à cause de cela, le mandarin chargé de l'administration de ce shien a eu, pour relever, sans doute, l'importance de ses fonctions, l'idée de faire clore le faubourg où nous avons couché et de n'en faire ouvrir les issues qu'au jour, en gardant les clefs dans l'intérieur de la ville, de sorte que nous venons de grand matin nous casser le nez contre les portes closes, et ce n'est qu'à force d'insistance que nous réussissons à partir à cinq heures et demie.

A dix heures et demie nous arrivons à Tong-Tsang-Fou, capitale de district, dont les faubourgs ont conservé un peu de l'activité que lui donnait dans le temps la navigation du grand canal; les murs de la ville sont, par extraordinaire, en très bon état et entourés de nappes d'eau d'une assez grande étendue.

Au départ, à midi, nous traversons le grand canal qui y est assez étroit.

C'est le premier cours d'eau que nous traversons depuis notre départ de Tientsin, et comme tout le pays au milieu duquel nous avons voyagé n'est qu'une plaine parfaitement uniforme, on le dirait spécialement disposé pour l'établissement de lignes de chemins de fer dans les conditions les plus économiques : pas le moindre pont, pas d'œuvres d'art nécessaires, rien que quelques remblais, et on aura des voies aussi bien disposées qu'on pourra les désirer, aussitôt qu'il sera permis à l'entreprise européenne d'exploiter cette partie de la Chine. La même uniformité continue au sud jusqu'au milieu de Ché-Kiang, mais les rivières et canaux qui coupent le pays nécessiteront un certain nombre de ponts qui cependant n'entraîneront pas à des frais semblables à la moyenne de ceux qui sont généralement faits pour les lignes de chemin de fer en Europe.

Sho-Tsen, où nous arrivons à quatre heures et

demie, a été laissé dans le plus piteux état par les rébelles Nien-Fei, qui l'ont occupé pendant assez longtemps ; ses misérables cases en terre ne sont qu'à moitié relevées, et la plus grande partie du village, assez important autrefois, est encore en ruines.

Tout y a l'aspect de la plus grande misère, et l'auberge où nous couchons est littéralement à jour, ce qui n'est guère agréable par le frais vent du nord qui souffle depuis hier, le temps s'étant remis au froid après trois ou quatre jours d'une température remarquablement douce.

A mesure que nous avançons vers le sud, l'usage des kangs se perd ; ils sont remplacés par des lits formés de deux tréteaux et d'une claie en tiges de sorgho, meubles aussi simples qu'économiques.

1er janvier.

Toutes les explications possibles n'étant pas suffisantes pour faire suivre la bonne voie aux voituriers, nous nous voyons dans l'obligation de prendre un guide chaque matin, au moins jusqu'au jour.

Celui d'aujourd'hui se fait d'abord assez tirer

l'oreille au moment du départ, à trois heures, toujours par crainte des éternels et invisibles voleurs; il se décide enfin, mais tellement à contre cœur qu'à chaque instant il essaye de nous échapper, et il finit par y réussir à cinq heures, laissant nos voituriers se tirer d'affaire comme ils peuvent. Le résultat est que nous faisons fausse route bientôt après, et que nous perdons beaucoup de temps pour retrouver le bon chemin.

Depuis que nous avons laissé la route impériale, nous rencontrons beaucoup moins de voitures; mais en revanche nous voyons une assez grande quantité de brouettes dont quelques-unes viennent du fond du Hupeh et se rendent à l'est du Shantong; les marchandises qui, de cette manière, font un trajet de plus de mille kilomètres, ont à supporter de jolis frais avant d'être livrés à la consommation.

Tous les villages un peu importants que nous voyons sont entourés de remparts en terre, ce qui n'a pas empéché les rebelles de les dévaster de fond en comble, tout comme ceux qu'on n'a pas songé à protéger ainsi. Quelle misère il est résulté du passage de ces rebelles! Cela fait vraiment pitié!

Nous arrivons à dix heures et demie à Tchaou-

tchan-Shien et en repartons à midi. Les murs de
cette petite ville sont certainement les plus mal-
traités que j'aie vus jusqu'à présent; ce ne sont
presque plus que des éboulements informes, et on
ne peut se défendre d'une certaine inquiétude en
passant sous les voûtes des portes qui ne tiennent
debout que par un miracle d'équilibre. Bien entendu qu'avec leur insouciance ordinaire, les
Chinois ne se préoccuperont du danger qu'après
que plusieurs personnes auront été écrasées, et encore !

La curiosité des indigènes augmente à mesure
que nous avançons; les femmes mêmes se précipitent sur notre passage malgré la coutume qui leur
interdit de se produire en public et en dépit de la
peine qu'elles ont à se tenir sur leurs diminutifs de pieds, qui sont encore plus mutilés que
dans les autres provinces. Aucun étranger ne doit
encore être passé par ici en habit européen, car les
naturels ne semblent pas bien se rendre compte de
cet être extraordinaire qui leur inspire une crainte
instinctive et pour lequel ils ne paraissent pas encore avoir trouvé de nom ou de qualification inju-
rieuse, ainsi que cela se pratique toujours à notre
égard.

Les voitures en usage par ici sont des chariots

très-bas, sur quatre petites roues pleines que je n'avais pas encore vus, et dont la forme doit au moins remonter à l'époque du déluge. C'est bien tout ce qu'on peut voir de plus grotesque, surtout avec la manie assez générale chez les paysans chinois, d'atteler ensemble chevaux, mulets, ânes et bœufs, qui font très-bon ménage, quoique obligés de régler leurs pas les uns sur les autres, malgré la différence d'allure qui existe naturellement entre eux.

Le chameau, par exemple, n'est jamais mêlé avec les autres animaux, son allure toute particulière et la frayeur qu'il cause assez souvent empêchant de le conduire en compagnie de chevaux et mulets.

Nous en rencontrons encore quelques-uns de temps en temps, mais comme ils sont en très-petit nombre, on ne les voit pas en longues files indiennes comme dans le nord.

Nous arrivons à Kouain-Tchan-Shien à quatre heures et demie. Encore une ville dont les remparts sont des ruines dans le goût de la Grande-Muraille !

Dans tout le Shantong et surtout sur les routes les plus fréquentées, les auberges sont régulièrement visitées par de jeunes hétaïres très-apprivoisées qui font leur possible pour distraire le voyageur pendant ses longues heures d'attente. Ce trait de mœurs est à peu près particulier à cette province hospitalière.

Grâce à nos vêtements européens, ces intéressantes beautés ne nous importunent pas trop, mais il n'en est pas de même à l'égard de leurs compatriotes en voyage, auxquels elles veulent absolument tenir compagnie, ce dont ils s'accommodent parfaitement, du reste. Les missionnaires circulant dans cette contrée sous l'habit chinois ont parfois à soutenir de rudes épreuves, et je me souviens de l'histoire d'un évêque italien qui, ne voulant pas trahir son incognito, se vit dans la dure nécessité de rester dans un voisinage semblable, ce qui n'augmenta certes pas le contenu de sa bourse, déjà assez pauvre.

2 janvier.

Nous quittons Kouain-Tchan-Shien à quatre heures et demie, et la direction que nous suivons depuis avant-hier étant l'ouest-sud-ouest, nous ne tardons pas à rentrer dans la province de Petchili, qui s'avance en pointe assez loin dans le sud.

Depuis que nous avons traversé le Grand-Canal, la nature du sol a passablement changé : il est devenu d'une légéreté et d'une maigreur qui, avec la méthode superficielle de labourer en usage en Chine, et qu'on peut remarquer surtout par ici, doit donner de bien piètres résultats.

Je ne sais où on a pris que l'agriculture est très-avancée en Chine, et que nous avons beaucoup à y apprendre; à coup sûr, ceux qui ont émis cette opinion, si facilement admise en principe, n'ont jamais mis les pieds dans ce pays, autrement il ne leur aurait pas fallu de grandes connaissances pratiques, ni beaucoup de bonne volonté, pour reconnaître qu'il est loin de posséder les éléments qui constituent une agriculture modèle.

Les Chinois entendent le travail d'une si curieuse manière, qu'ils n'ont jamais possédé, comme instruments aratoires, que les espèces de jouets d'enfants qu'on leur voit encore maintenant, et avec lesquels il serait difficile de faire plus que gratter la terre.

Ils n'ont pas la moindre idée de ce que c'est que labourer ou bêcher d'une manière convenable, et ils sont loin de fournir à la terre l'engrais qui lui est nécessaire; ce qui fait qu'après des siècles d'une culture pareille, le sol est à peu près complétement épuisé, et n'arrive pour ainsi dire pas à produire le nécessaire pour sa population, quoique pas un pouce de terrain susceptible de rendre quelque chose soit laissé inculte.

Les champs à froment qui sont ce qu'il y a de plus important en Chine, puisqu'ils occupent la plus grande partie des provinces du nord et qu'ils ne sont pas rares dans celles du centre, ne sont jamais labourés à plus de trois à quatre pouces de profondeur, en sorte que les récoltes produites ne dépassent pas le tiers ou le quart de la moyenne des récoltes d'Europe.

Les terres à coton, qu'on voit en plus ou moins grande quantité dans toutes les provinces, ne sont guère mieux travaillées, et par la moindre sécheresse la récolte se trouve compromise, ce qui n'arriverait pas si, le sol étant fouillé d'une manière convenable, les racines pouvaient s'étendre ailleurs qu'à la surface.

Le riz, qui est la culture presque exclusive des provinces du sud et de quelques-unes du centre est aussi celle qui est la mieux entendue et pour laquelle les Chinois paraissent prendre le plus de peine; malgré cela, elle est loin d'être

.faite avec autant de soin que dans les provinces basses d'Italie, et j'ai entendu estimer le produit des bonnes rizières de Chine à la moitié de celles d'Italie par des personnes compétentes, ayant étudié cette culture dans les deux pays.

Le sorgho, le millet et l'orge sont cultivés dans le même goût que le froment, et quant aux pois, fèves, haricots, etc., qui sont l'objet de ce qu'on appelle la deuxième récolte, on ne se donne même pas la peine de gratter la terre à leur intention, se bornant généralement à les semer dans de simples lignes tracées au milieu des champs, dont la première récolte n'est très-souvent pas encore enlevée.

Il n'y a que le jardinage qui soit cultivé avec un soin réel en Chine, et encore nos jardiniers sont-ils parfaitement aptes à en remontrer à leurs confrères du Céleste-Empire.

J'ai dit que les terres sont mal fumées, et il n'est pas possible qu'il en soit autrement, car le fumier est loin d'y être suffisamment abondant.

On a voulu considérer comme un signe d'avancement l'emploi de l'engrais humain que les Chinois préparent d'une manière générale et de temps immémorial, quand ce n'est que le résultat de la nécessité.

Quelques provinces sont presque dépourvues de bestiaux, tandis que celles du nord, qui en possèdent le plus, sont loin d'en posséder une quantité suffisante.

Le fumier leur manquant de cette provenance ordinaire en Europe, les Chinois ont très-simplement été amenés à faire usage de leurs produits naturels, usage qui, avec leur indifférence, est graduellement devenu presque exclusif et leur fait négliger le produit des bestiaux, que, sauf dans quelques endroits, j'ai vu laisser tout à fait de côté maintenant.

Dans les parties de la Chine intersectées de canaux, où les transports deviennent très-faciles, l'engrais humain est transporté à l'état naturel, au moyen de bateaux, jusque sur les champs, où, quoique distribué d'une main parcimonieuse, il donne d'assez bons résultats ; mais, dans le nord surtout, où il doit être transporté à dos de mulets ou en charrettes, il faut d'abord le transformer en poudrette avant de l'employer, méthode qui, entraînant la perte de la partie liquide, avec la manière dont on la pratique, fait que ces provinces du nord sont encore plus mal partagées que leurs voisines.

Autre chose qui ne contribue pas non plus

placer l'agriculture chinoise en première ligne, c'est le manque complet de système de drainage et d'irrigation.

Ainsi voilà une plaine uniforme dans laquelle je voyage depuis une dizaine de jours, et qui comprend la moitié de la province du Shantong, la presque totalité de celle du Petchili, une bonne partie de celle du Honan et du Kiang-Nan, c'est-à-dire a une longueur de plus de mille kilomètres, sur une largeur de cinq à six cents au moins, et dans laquelle je n'ai pas encore rencontré le moindre ruisseau ou fossé par lequel les eaux pluviales puissent s'écouler, ce qui ne doit pas manquer de compromettre souvent les récoltes que le mauvais aménagement des terres permet encore d'y faire.

Il est vrai que certaines parties privilégiées de la Chine ont été favorisées d'un réseau de canaux qu'on ne peut s'empêcher d'admirer; mais cette canalisation, qui est l'œuvre d'une autre époque, est limitée, déjà en partie ruinée, et la génération actuelle a oublié la majeure partie des avantages qui en résultaient à l'origine pour l'agriculture.

Tout en évitant la faute de placer l'agriculture

chinoise sur un piédestal, il y a possibilité de glaner quelques bonnes choses dans ce pays, comme, par exemple, l'économie de la semence et le choix des terrains pour certaines cultures que les Chinois entendent très-bien, tout comme on peut utiliser, en les perfectionnant, beaucoup de leurs moyens très-pratiques, tels que le semoir mécanique, le ventilateur de grains, le hache-paille, le coupe-feuilles, etc., etc., qu'on croit avoir inventés en Europe depuis peu d'années, et qui sont en usage en Chine depuis des siècles.

Cette manie de faire des Chinois des maîtres en agriculture n'est que le résultat du besoin qu'éprouvent certaines personnes de battre une grosse caisse quelconque et d'établir au hasard des théories plus ou moins fausses sur des sujets peu connus, lesquelles sont ensuite prônées avec sang-froid et conviction par des gens à vues courtes, à intelligence paresseuse et à prétentions de savoir assez grandes pour leur faire accepter avec empressement des opinions toutes faites qu'ils ne tardent pas à s'approprier ensuite. J'ai vu en Chine quelques spécimens de ces originaux qui, après un séjour de quinze jours dans un des ports ouverts aux étrangers où ils n'avaient à peu près rien vu, étaient intimement convaincus qu'ils possédaient leur

Chine sur le bout du doigt, et qu'ils pouvaient certainement en remontrer à ceux qui l'habitaient depuis de longues années.

Une théorie qui vient naturellement se ranger
parmi celles qui sont si bien basées et dont je parle
ci-dessus, est celle du travail à bon marché. Quand
on arrive dans ce pays et qu'on entend citer le taux
modique de la journée de l'artisan ou du salaire de
l'homme à gages, on est tout disposé à croire que
le travail y est pour rien; mais on revient bien vite
de son erreur quand, après quelque temps de séjour, on se trouve dans l'obligation de faire travailler, et qu'on s'aperçoit qu'il faut six à huit journées d'ouvrier chinois pour faire l'équivalent de la
journée d'un ouvrier européen, et que le travail est
plus mal fait; que la maison qui, en Europe, est bien
tenue avec une bonne, demande ici cinq ou six domestiques, et que tout y est en désordre; et que la
boutique de détail qui est bien desservie par un seul
employé chez nous, nécessite ici l'emploi d'un petit
régiment de commis qui cependant ne trouvent que
le temps de bavarder pendant tout le cours de la
journée. Les Cantonais font exception à la règle et
sont relativement assez actifs; certains ouvriers de
cette provenance sont capables d'un travail passable en se contentant d'un salaire pas trop élevé;

mais Canton n'est pas la Chine, et même, à quelques rares exceptions près, la somme du travail produit y est toujours aussi chère que dans beaucoup de nos villes manufacturières, où le salaire est cependant considéré comme très-élevé.

VII

Nous arrivons à neuf heures à l'étape du déjeuner, qui se trouve être un petit village en ruines appelé Kouain-hi-Miao et nous en repartons à onze heures.

Depuis deux ou trois jours la route devient tellement tortueuse que nous faisons certainement un bon tiers de chemin en plus de ce qu'on devrait faire, sans compter ce que les erreurs des voituriers nous font aussi faire en trop ; erreurs assez faciles, il faut le dire, car le chemin suivi ne paraît pas plus fréquenté que ceux reliant les villages entre eux et ceux d'exploitation qui sont très-nombreux.

Nous voyons sur notre route, et de distance en distance, un certain nombre de tours ou sémaphores, grandement en usage dans le temps où l'action du gouvernement central se faisait réellement sentir dans tout l'empire, mais qu'on laisse s'en aller en ruines depuis pas mal d'années que les gouverneurs provinciaux tirent plus ou moins de leur côté.

On remarque aussi quelques corps-de-garde qui devaient être occupés dans le temps, mais ne le sont plus maintenant, quoique possédant encore quelques débris de lances et piques au ratelier. En revanche ils sont repeints à neuf depuis peu et très-probablement les guerriers terribles, les arcs, fusils, sabres, boucliers et chevaux fendant l'air, qu'un naïf barbouilleur y a représentés, rendent autant de services que les braves et l'attirail qu'il pouvait y avoir autrefois; dans tous les cas, cela à l'avantage d'amuser un peu les passants, car il y a entre autres des tigres ailés avec la tête dans le dos, et des chevaux ponceau et jaune serin qui sont d'un effet des plus comiques.

Nous arrivons à trois heures à la couchée, ce qui nous laisse tout le temps nécessaire pour aller voir d'énormes lacs couverts d'îles nombreuses situées dans les environs, et pour visiter la ville, appelée Kaï-Chow, qui, en sa qualité de ville de second ordre, a des murs très-étendus d'une trentaine de pieds de hauteur et parfaitement établis, quoique simplement en terre. Cette ville ne paraît pas avoir été ravagée par les rebelles et a une apparence d'aisance d'autant plus remarquable que la partie construite est très-restreinte et se perd, pour ainsi dire, au centre de l'enceinte fortifiée, qui contient en outre de vastes champs cultivés. Elle est ornée d'une pagode ou tour à sept étages, genre de monument aussi rare dans le nord de la Chine qu'il est commun plus au sud, car cette tour est la première que je vois depuis notre départ de Tientsin.

3 janvier.

Nous partons à trois heures et demie, et notre guide, n'étant pas très-expert, nous égare pendant une heure; nous retrouvons enfin notre chemin, grâce à un aide qu'il s'adjoint et avec lequel il se donne des coups de poing quand vient le moment de se partager le salaire.

Les villages deviennent moins nombreux mais

plus grands, et sont presque tous entourés de murailles en terre assez élevées; les rebelles ne semblent pas y avoir fait de grands ravages, car ils ont l'air beaucoup moins misérables que ceux que nous avons traversés ces jours derniers.

Nous arrivons à neuf heures à Kouain-lou-Khoé, où nous nous installons dans la plus mauvaise auberge que j'aie vue jusqu'à présent; heureusement que nous n'avons pas à y coucher, car il n'y a pas le moindre ameublement et même les claies en roseaux y font défaut.

Nous en repartons à dix heures et demie, accompagnés pour un moment par la populace qui devient de jour en jour plus ennuyeuse.

Ainsi que cela se pratique dans beaucoup d'endroits en Chine, la propriété est, dans un bon nombre de villages que nous traversons, exploitée en communauté, ainsi que l'indique la vaste étendue des champs qui sont très-morcelés partout où cette coutume n'est pas en vigueur. Les Chinois s'arrangent assez bien de cette espèce de communisme, et il n'a pas été remarqué que les parties ainsi mises en valeur fussent plus mal entretenues que leurs voisines, laissées à l'industrie de leurs propriétaires respectifs.

Arrivés à cinq heures et demie à Ten-lou-Ki, et

comme il y a marché, cela nous amène une
affluence considérable de visiteurs, qui deviennent
tellement indiscrets que nous sommes dans la nécessité de nous en débarrasser par l'emploi des
moyens les plus persuasifs, afin de pouvoir dîner
et coucher à peu près tranquillement.

4 janvier.

Les voituriers se font de plus en plus tirer l'o-
reille et nous ne réussissons à partir qu'à six heures; mais quelque mouche inconnue ayant piqué
le mien qui est en tête, il nous fait rattraper le
temps perdu en gardant le trot pendant très-longtemps, de sorte que nous arrivons à onze heures et
demie à Lion-Kouen quoique l'étape ait 75 lis.
Nous tombons encore au milieu du marché à cet
endroit et avons grand'peine à nous défendre de
la curiosité des indigènes; aussi pressons-nous
hommes et bêtes pour en repartir, et nous nous
remettons en route à midi et demi.

Nous sommes maintenant dans la province de
Honan. Depuis hier les masures en terre deviennent
de plus en plus rares, et les maisons sont généralement construites en briques. Les villages perdent

leur aspect misérable, et la population n'est plus
laide et chétive comme pendant ces deux ou trois
derniers jours. Le sol se transforme aussi de son
côté et paraît être assez fertile.

On ne rencontre plus que très peu de voitures,
mais en revanche les brouettes augmentent en
nombre. C'est incroyable la quantité de marchandises transportées par ce moyen !

A cinq heures nous arrivons à Til-hen-Tia, dernier village avant d'arriver au Houang-Ho ou fleuve
Jaune, où nous avons peine à trouver un gîte.

5 janvier.

Nous partons à six heures et arrivons sur le bord
du Houang-Ho à sept heures. Là nous devons attendre une bonne heure le complément du chargement du bac sur lequel nous nous embarquons,
car les Chinois ne sont jamais pressés, et quoique
nous leur offrions de les dédommager pour nous
passer au plus vite, ce n'est que quand ils ont bien
crié, bien parlé, quand charrettes, brouettes, mulets et passagers sont entassés de manière à ne
plus laisser un pouce de surface libre, que les bateliers se décident à mettre en mouvement ledit

bac, qui est un grand bateau à voiles, à fond plat, grossièrement fait, mais malgré cela, assez bien disposé pour le service auquel il est destiné.

Je ne sais quelle est la raison de cette manœuvre, mais on nous fait remonter le courant du fleuve pendant assez longtemps, de sorte que nous mettons deux heures pour le traverser, quoiqu'il n'ait que cinq à six cents mètres à l'endroit où nous le passons, le moment présent étant celui où il est le plus bas, ce qui n'empêche cependant pas à ses eaux d'être très-vaseuses. D'après les on dit, il paraît que ce n'est encore rien en comparaison de ce que cela est en été, et qu'il n'y a pas de purée aux croûtons qui lui soit comparable à cette époque-là ; aussi mérite-t-il à tous égards le nom de fleuve Jaune qui lui a été donné. Son courant n'est pas très-rapide maintenant, sa profondeur est assez régulière, de six à huit pieds dans les deux tiers de sa largeur, allant en diminuant vers les bords, et à le voir suivre si tranquillement son cours, on ne se douterait guère que ce fleuve est sujet à des crues extraordinaires et à des déplacements ou changements de lit considérables qui le rendent la terreur constante de la moitié de la Chine.

Dans le but de s'en défendre le plus possible, le

gouvernement a, de tous temps, fait faire de très-grands travaux d'endiguement tout le long de son cours, lesquels sont, par extraordinaire, encore partiellement entretenus à l'époque actuelle. Ces travaux ont surtout été faits avec le plus grand soin dans l'immense plaine que le Houang-Ho traverse de l'ouest à l'est, et qui est plus particulièrement exposée à ses inondations. On a dû se contenter de terre dans cette partie, privée de toute autre espèce de matériaux, et malgré cela les digues, qui ont de soixante à quatre-vingts pieds d'épaisseur à leur sommet sur quarante à soixante pieds de hauteur au-dessus de la plaine, selon les endroits, n'en sont pas moins bien établies, avec des jetées également en terre, de distance en distance, pour les garantir et amortir la force du courant. L'espace compris entre ces digues varie de trois à huit kilomètres, et, en hiver, le fleuve s'amuse à serpenter, allant d'une digue à l'autre, et laissant la plus grande partie du terrain découverte et susceptible de culture momentanée; mais en été, et surtout en juin, juillet et partie d'août, cet immense chenal est à peine suffisant, et il arrive même parfois que le lit s'étant exhaussé par suite du dépôt, pendant de longues années, des matières que ses eaux charrient abondamment, le fleuve rompt ses digues à

un point faible ou mal entretenu et se forme un
nouveau lit en engloutissant et détruisant sur son
passage villes, villages, populations, champs, etc.
L'histoire chinoise ne cite que très-peu de ces déplacements qui deviennent de vrais fléaux pour tout
l'empire et la ruine la plus complète pour les pays
atteints.

C'est en 1853 que s'est produite la dernière de
ces catastrophes. Le littoral du fleuve était alors
en partie occupé par les rebelles, et certains
points des digues avaient été très-négligés pendant
assez longtemps, quand il se fit jour dans la digue
nord, à peu près au point de jonction des provinces
du Shantong, du Petchili et du Honan, c'est-à-dire
seulement à sept ou huit heures en aval de l'endroit
où je me trouve actuellement; il forma sur ce point
de vastes étangs engloutissant trois districts entiers, prit ensuite sa direction vers le nord à
travers la campagne, s'empara plus loin du lit du
Ta-hing-Ho en l'élargissant, et le suivit jusqu'à son
embouchure dans le golfe du Petchili où il se jette
actuellement. Pendant quelque temps il se déversa
encore partiellement dans son ancien lit; mais à
la fin de 1855 son travail fut complet, et l'ancien
lit entièrement barré et abandonné. Il est remarquable que la Chine est si peu connue, qu'on croit

même en ce moment, d'une manière générale, que
le Hoang-Ho se jette encore dans la mer Jaune,
tandis que son embouchure est depuis une douzaine
d'années à cinq cents kilomètres plus au nord, dans
le golfe du Petchili. Beaucoup de capitaines de
navires ont remarqué, au milieu de l'été, la nuance
foncée des eaux de ce golfe sans s'en rendre
compte, et sans se douter le moins du monde
qu'elle est due aux eaux du Hoang-Ho, qu'ils ne
peuvent imaginer se déverser ailleurs que dans
la mer Jaune, ainsi que l'indiquent toutes les cartes
possibles.

Après un débarquement précipité et assez dangereux pour nos bêtes, nous nous remettons en
route à dix heures et demie, et suivons une berge
que l'eau mine et emporte graduellement. Nous
prenons ensuite la route conduisant à Kaï-fong-Fou,
que nous mettons un temps infini à atteindre, grâce
à la masse de sable qu'il faut traverser et qui a,
sans doute, été apportée par les inondations. Nous
passons successivement par-dessus plusieurs digues
qui paraissent avoir été faites spécialement pour
garantir la ville de Kaï-fong-Fou, qui, d'après la
chronique, fut en partie détruite il y a quelques
siècles par suite de l'idée assez originale d'un
mandarin chargé de sa défense contre des rebelles

qui l'assiégeaient, et qui ne trouva rien de mieux que de faire une trouée dans la digue du fleuve, pensant ainsi noyer ses ennemis, tandis qu'il ne réussit qu'à inonder la ville et à détruire une partie de sa population, pendant que les rebelles se réfugiaient sur des collines avoisinantes. L'histoire de la destruction partielle de la ville par l'inondation est assez admissible; quant à celle du salut des rebelles, je n'en puis rien dire, car j'ai beau me crever les yeux, je ne puis réussir à apercevoir la moindre colline dans les environs; cependant ce fait étant cité par Du Halde, historien très-véridique, il faut croire qu'elles existent réellement, mais que ce sont des espèces de pains de sucre s'élevant à une certaine distance dans la plaine, et qu'elles sont actuellement dissimulées par la poussière qui obscurcit l'horizon.

A propos de ces collines, je ne puis m'empêcher de remarquer que, pendant un voyage de douze jours, nous n'avons vu que des tumuli, en fait d'accidents de terrain, et que le seul gibier aperçu n'avait d'autres formes que celles de corbeaux et de pies.

Nous faisons notre entrée triomphale dans Kaï-fong-Fou à deux heures et demie. Comme nous avons notre stock de supèques et de provisions à renouveler et nos voitures à faire un peu réparer, ce qui nous prendra vingt-quatre heures environ, nous sommes un peu plus difficiles que de coutume sur le choix d'une auberge, et nous réussissons à en trouver une ayant plusieurs cours intérieures, et nous convenant parfaitement, en ce qu'on n'y est pas exposé à la vue des passants.

6 janvier.

De grand matin nous nous mettons à arpenter la ville pour en avoir le cœur net, car nous sommes certains d'avance de n'y rencontrer que ce qu'on voit dans toutes les villes chinoises de cette importance. Kaï-fong-Fou est la capitale du Honan et, par cette raison, renferme le contingent ordinaire de yamens, tribunaux, etc., qu'on voit dans toutes les capitales de province. Ses murs en briques doublés de béton en terre et chaux sont très-élevés et sont presque aussi bien établis que ceux de Pékin; ses portes, par exemple, sont en très-bon état et sont à triple demi-lunes reliées par des voûtes bien fermées, où on remarque des briques de près d'un mètre de long sur cinq ou six pouces d'épaisseur.

Les rebelles n'étant pas très-éloignés, dit-on, en ce moment, les remparts sont garnis de canons en plus ou moins mauvais état, et les parties avoisinant les portes sont couvertes de soldats armés de fusils à mèche et de longues piques; de plus, une garnison de quelques milliers d'hommes est installée dans plusieurs camps retranchés en dehors de la ville, et non pas en dedans, comme cela se pratique dans d'autres pays, les soldats chinois étant rarement assez disciplinés pour qu'on ose les garder si près de soi.

Cette ville étant presque exclusivement officielle, il n'y a de faubourgs que quelques masures en dehors des portes de l'est, et l'enceinte murée étant occupée à moitié par des mares d'eau et des champs, les rues larges, les maisons en certaines parties très-espacées, elle n'a qu'une population d'environ cent cinquante mille âmes, et qui se compose de mandarins attachés à l'espèce de cour provinciale, de leurs suites nombreuses, d'un certain nombre de petits commerçants, débitants, ouvriers et pas mal de gens vivant misérablement dans des cases humides de deux ou trois pieds en contrebas des rues, comme, du reste, toutes les habitations

composant cette cité qui doit être très-mal-
saine.

Kaï-fong-Fou possède un certain nombre de juifs,
et on y remarque, je crois, la seule synagogue qu'il
y ait en Chine.

Plus je vais et plus je reconnais que la population
de la Chine a été beaucoup exagérée. Les auteurs
qui l'ont diversement estimée de quatre à cinq
cents millions, semblent avoir pris pour base la
population des provinces parcourues par les Européens, et s'être figuré que la totalité du pays est
une fourmilière dans le goût du Kiang-Nan, par
exemple ; de là ces chiffres doubles et triples de la
réalité attribués à Tientsin, Pékin, Hankow et autres
grandes villes, et ces totaux énormes si facilement
donnés aux provinces en général. Je veux bien
croire que le Kiang-Nan ait environ quarante millions d'habitants, que le Ché-Kiang, le Kouang-Tong
et autres provinces aient à peu près la population
qu'on leur attribue, car on peut encore à la rigueur
y voir les moyens de subsistance pour cette population ; mais ce qu'il est impossible d'admettre c'est
que les provinces du nord et de l'ouest aient seulement la moitié des habitants qu'on leur suppose,
parce qu'elles ne produisent même pas le nécessaire
pour cette moitié, et je dis qu'en estimant la popu-

lation totale de la Chine à trois cents millions d'habitants on ne doit pas s'écarter beaucoup de la vérité, et, s'il y a erreur, elle doit être plutôt en plus
qu'en moins.

VIII

Toutes nos petites dispositions étant prises, nous quittons Kaï-fong-Fou à deux heures, avec un vent très-violent soulevant des tourbillons de poussière tellement épais que nous pouvons à peine distinguer les longues files de chariots antédiluviens, aux attelages bigarrés qui obstruent notre chemin à différentes reprises.

Comme il s'agit de venir retrouver le grand canal, notre route est maintenant dans la direction de l'est-sud-est, ce qui est assez heureux, car le vent venant de l'ouest, nous lui tournons le dos, et ce serait à ne pas pouvoir y tenir si nous l'avions en face.

A cinq heures et demie nous arrivons à Tchang-
lion-Shien où les quelques auberges de l'endroit
étant déjà prises, nous devons faire déloger plusieurs
Chinois d'un mauvaise chambre pour arriver à nous
abriter.

7 janvier.

En route à cinq heures et demie, accompagnés par
un guide que nos voituriers ne comprennent pas,
ce qui ne manque pas d'augmenter encore les difficultés de la route. Il n'y a rien d'étonnant à ce que
nos gens ne s'entendent plus avec les habitants des
villages que nous traversons, car les dialectes
varient à l'infini en Chine, et il arrive tous les jours
de rencontrer des indigènes des provinces différentes
ne comprenant absolument rien à leurs jargons
respectifs, malgré le feu qu'ils y mettent, se figurant arriver à se rendre intelligibles en élevant la
voix le plus possible, ce qui ne leur réussit pas
souvent.

En arrivant à l'étape de Tshi-Shien à onze
heures, nous avons toutes les peines du monde à
nous frayer un passage au milieu d'une foule nom-

breuse et compacte qui s'y trouve assemblée par
suite de la foire qui s'y tient en ce moment et doit
durer une dizaine de jours.

C'est la plus belle foire que j'aie vue en Chine, et
elle paraît avoir amené une grande partie de la population des environs , car toutes les rues sont
pleines, les champs autour de la ville sont encom-
brés et les routes couvertes de monde à plusieurs
kilomètres de distance; tout cela vendant, ache-
tant, discutant avec assez de calme et, ma foi, sans
faire trop de bruit; car, chose particulière, autant
les Chinois sont bruyants et criards en petit comité,
autant ils sont calmes et tranquilles quand ils se
trouvent réunis en grand nombre; aussi la foule
chinoise conserve-t-elle à peu près toujours une
espèce d'ordre qui n'est pas le fait de celle d'Europe.

Dans de nombreuses échoppes, dressées pour la
circonstance de chaque côté des rues, est étalée
la variété la plus complète d'articles ayant tous
leur utilité : chapeaux de feutre en quantités, ca-
lottes, souliers, vêtements confectionnés, cotonnades, indiennes de différentes espèces, indigènes
et européennes, quelques pièces de drap, de soieries
diverses, broderies, boutons, galons, boîtes, malles,
poteries, lampes, vases, clous, ferraille, ustensiles

de ménage, outils divers, etc. Plus loin sont les articles encombrants : paniers de tous genres et de toutes sortes, depuis le simple panier à provisions jusqu'au panier à eau en osier fortement tressé et imperméable; blé, millet et autres graines; soufflets de forge, brouettes, tours à filer la soie complets; bois de menuiserie et de charronnage; voire même des cercueils, tout prêts à recevoir leurs hôtes éternels. Dans les champs et à distance : des chevaux, ânes, mulets et bœufs en grand nombre. Enfin tous les produits du pays et quelques produits étrangers se sont donnés rendez-vous à cette foire, où il doit se traiter un chiffre assez important d'affaires.

Nous rencontrons encore plus de difficultés quand il s'agit de sortir de cette fourmilière à midi et demi, car la foule est encore plus compacte et la partie à traverser plus longue qu'à notre arrivée.

La route suivie depuis hier est la moins mauvaise de toutes celles où j'ai voyagé dans ce pays : elle ne fait pas trop de détours, a une largeur moyenne; par extraordinaire elle est au même niveau que les champs qu'elle traverse, ce qui prouve qu'elle n'est pas trop fréquentée et, luxe incroyable en Chine, elle est bordée de deux rangées d'arbres en beaucoup d'endroits.

Au surplus, les arbres sont assez abondants par
ici, et, en dehors de ceux qui entourent les villages,
comme de coutume, il y a encore des plantations
d'arbres fruitiers, des saules, des peupliers, et une
proportion de mûriers assez remarquable; car, il
faut bien dire qu'en dehors des grands districts
séricicoles du Kiang-Nan, du Tché-Kiang, et du
Kouang-Tong, le murier est cultivé un peu partout;
il est même très-répandu dans le Honan, le Shantong et le Szé-Tchuen qui produisent de la soie en
quantité assez considérable pour en fournir quelque
peu aux provinces voisines moins bien approvision-
nées, pour que de légères quantités aient déjà été
achetées par le commerce étranger et pour qu'il
soit permis d'y trouver plus tard un certain approvi-
sionnement; ce qui serait d'autant plus intéressant
que ces provinces paraissent surtout produire des
soies jaunes, dont une partie de qualité assez
fine.

C'est aussi dans ces provinces et dans leurs parties montagneuses que se font sur une assez grande
échelle les éducations de vers à soie sauvages ou
du chêne, lesquels sont d'un très-bon rapport,
d'après le dire des indigènes. Ces éducations ont
un caractère qui leur est propre : les Chinois font
faire l'éclosion chez eux, gardent les vers et les

nourrissent jusqu'à la deuxième mue, quand, ces vers étant assez robustes pour se procurer leur nourriture, ils les distribuent dans des taillis de chênes-verts d'une espèce particulière, dont les feuilles atteignent une grande dimension. J'en ai vu des spécimens qui avaient jusqu'à vingt pouces de longueur. Des gardiens, armés de fusils, sont chargés de défendre ces vers contre les oiseaux, qui, sans cela, ne manqueraient pas de les détruire tous jusqu'au dernier; ces gardiens sont très-nombreux et tiennent la gent ailée en respect plutôt au moyen de cris que par l'usage du fusil, qu'ils paraissent n'avoir que pour la forme, car ils ne s'en servent presque jamais.

On voit encore, dans ces trois provinces surtout, quelques éducations de vers de l'ailanthe, mais cela n'offre pas grand intérêt, et les Chinois ne paraissent pas y tenir, quoiqu'ils en possèdent cinq ou six espèces.

Nos hommes font courte route aujourd'hui, car, quoique partis assez tard, ils s'arrêtent à quatre heures, dans un petit village muré, appelé Hu-Tan-Pou, où nous pouvons passer la nuit.

8 janvier.

Partis à cinq heures du matin, relayé à dix heures et demie à Tsang-Yu-Pou, et repartis à midi pour arriver à quatre heures à Kouain-Tah, où nous couchons.

Toujours la plaine unie et monotone, en grande partie cultivée en blés ayant l'air bien chétifs dans ce sol appauvri et sablonneux.

Je ne comprends vraiment pas comment les champs peuvent produire suffisamment pour la nourriture de la population, qui paraît assez dense; c'est une énigme que la sobriété connue des Chinois ne suffit pas à résoudre.

La manière dont les villages sont disposés dans ces parages est peu ordinaire : on traverse des étendues considérables sans rencontrer une habitation, puis on se trouve au milieu de trente ou quarante villages groupés, pour ainsi dire, d'une à deux portées de fusil les uns des autres, et ainsi de suite. La cause de cette disposition est, sans doute, une idée de protection mutuelle qui, dans tous les cas, est plutôt morale qu'effective, car il n'est pas d'usage que les Chinois se dérangent quand leurs voisins sont en danger. Chacun pour soi! est leur principe assez égoïste, toutes les fois qu'il s'agit du moindre risque à courir; mais quand il n'y a pas de crainte à avoir, ou que leur responsabilité ne peut être engagée, ils ne manquent pas de se mettre en avant, tout comme ils ne se font pas faute de donner leur avis quand on ne le leur demande pas.

Quoi qu'il en soit de ce semblant d'union pouvant faire supposer des dispositions de défense commune, cela n'a guère réussi contre les rebelles, car les malheureux villages sont presque tous détruits de fond en comble; les villes murées sont plus ou moins épargnées, ce qui tendrait à prouver que les Taïpings n'ont pas séjourné par là, autrement ils auraient accompli leur œuvre de destruction plus consciencieusement; il est plus probable que tout cela est l'ouvrage des Nien-Fei, qui, étant peu nombreux, se contentent d'attaquer ce qui n'offre pas l'ombre de résistance. On se demande quel est l'appât qui a pu porter les rebelles à s'adresser à ces malheureux paysans, chez lesquels il n'y avait absolument rien à prendre, et ne pouvant en découvrir aucun, on n'arrive pas à voir d'autre mobile, dans tous ces actes, que le besoin de faire le mal pour le mal.

9 janvier.

N'ayant pas aperçu de miliciens ces jours derniers, nous pensions en être débarrassés, mais ils
se présentent de nouveau au moment de notre départ, à quatre heures, et huit est affiers, ayant plutôt
l'air de voleurs que de gardes honnêtes, nous ac-
compagnent contre notre gré. Je plains les malheureux voyageurs chinois à qui pareille escorte
s'impose, car je suis bien certain qu'elle ne se fait
pas faute de les rançonner ; quant à nous, ce n'est
pas la même chose, ils savent qu'il n'y a que des
coups à gagner et se gardent bien de faire la
moindre démonstration hostile, au contraire, et
quoique de toute inutilité comme protection, dont
nous n'avons, du reste, aucun besoin, ils nous évi-
tent quelques pertes de temps en faisant ouvrir à
l'avance les portes des villages murés que nous
avons à traverser avant le jour.

Dans la matinée nous rencontrons un convoi
d'une trentaine de voitures chargées d'armes et de
poudre, transportées avec l'insouciance ordinaire
aux Chinois. Ce n'est pas leur faute s'ils ne se font
pas sauter, car les barils de poudre sont à décou-
vert, et les voituriers et les soldats qui accompa-

gnent le convoi ne se privent nullement de fumer malgré cela. Ces armes et ces munitions viennent de Shanghaï et vont dans la capitale du Honan.

Hier et aujourd'hui nous avons traversé Soué-Tchon, Gnien-ni-Shien et Koué-to-Fou, trois grandes villes assez populeuses et dont les rues sont garnies de ces arcs de triomphe grossièrement sculptés, très-anciens, et en grande partie assez peu en équilibre pour menacer sérieusement la tête des passants.

Arrivés à midi à Ma-von-Tshi, dont nous repartons à une heure et demie.

Il paraît que dans ces provinces les marchés sont très-répandus, car nous ne voyons que cela dans tous les grands villages et villes que nous traversons.

Peut-être bien aussi que les paysans chinois les multiplient dans le but d'y trouver un passe-temps intéressant et une occasion de se réunir et de bavarder, surtout en cette saison que les champs les occupent fort peu.

A quatre heures, nous entrons dans la province du Kiang-Nan, et à cinq heures et demie, nous arrivons à Lion-ti-Tcheuil, où nous passons la nuit.

10 janvier.

Départ à cinq heures, et arrêt de dix heures et demie à midi, à Tan-Sain-Shien, qui est une petite ville entourée de trois enceintes différentes de remparts, qui certainement ont coûté plus d'argent que les habitations qu'ils sont sensés protéger, car elles sont à peu près toutes bâties en terre et couvertes en chaume, et quelques-unes seulement avec deux ou trois assises en briques.

En quittant cette ville, nous rencontrons un certain nombre de soldats à cheval, qui ont la même destination que le convoi rencontré hier. Ils sont passablement armés; les uns de sabres, d'autres de piques et beaucoup de tromblons, fusils, mousquetons et revolvers; quelques-uns sont, de plus, munis de leur parapluie dont ils ont plus grand soin que de leurs armes, car ils pensent que ce n'est pas parce qu'on est soldat qu'on doit rester exposé à une averse, et tous vont à la débandade, paraissant ne faire aucun cas des chefs qui sont avec eux, et n'obéir qu'à leur impulsion personnelle. Cela m'a l'air d'une bande d'oiseaux de proie, dont le passage ne doit amuser ni les habitants ni les voyageurs qui se trouvent sur leur chemin.

A la suite de cette bande viennent plusieurs
voitures portant des armes et un envoi de fonds du
gouvernement. Ces fonds sont emballés selon la
méthode généralement usitée en Chine pour les
deniers publics, laquelle est assez remarquable
pour être notée. Une forte pièce de bois est sciée
en deux, creusée intérieurement et remplie d'argent; après quoi les deux morceaux sont rejoints et
solidement reliés par des cercles en fer, et forment
ainsi un coffre-fort peu portatif, il est vrai, mais,
d'après les idées chinoises, le seul qui soit dans les
conditions voulues pour que les mains intègres à
qui on en confie le transport ne soient pas tentées
d'y toucher.

Dans l'après-midi, nous passons deux digues
dont il est actuellement impossible de deviner l'u-
tilité. Comme beaucoup d'autres qu'on voit en différents endroits en Chine, elles ont été établies
dans le temps, soit pour contenir une rivière, soit
comme parois de canal, soit pour garantir des eaux
une étendue de terrains en contre-bas; mais, depuis
des années, la rivière a changé de lit, le canal s'est
comblé, la dépression de terrain s'est nivelée, le
tout par suite d'inondations ou toute autre cause
extraordinaire et maintenant oubliée, et on voit
toujours des ponts à moitié enterrés, sous lesquels

il n'a pas coulé d'eau depuis un temps immémorial ; des travaux immenses d'endiguement qui paraissent n'être là que pour faire travailler l'imagination du voyageur, et des jetées, empierrements, vestiges d'écluses au milieu des champs que les plus anciens habitants ont toujours vus dans le même état, et dont ils n'ont jamais songé à rechercher l'origine.

A cinq heures et demie, nous arrivons à Nou-dio-Haze, grand village en ruines ayant pu contenir quinze à vingt mille âmes et où il n'en reste pas deux cents, tout le reste ayant été détruit ou dispersé par les rebelles.

Depuis quelques jours, les auberges deviennent graduellement plus mauvaises, et celle où nous couchons aujourd'hui est le sublime du genre. Cela ne peut pas être appelé une auberge, bien entendu ; cela n'est pas une écurie non plus, ni un poulailler, mais c'est plus misérable encore. Qu'on se figure une cabane faite de boue et de roseaux, de quelques pieds carrés, ayant trois ouvertures servant de portes et fenêtres ne fermant pas, et complétement dépourvue de tout ce qui peut ressembler à un meuble ; aussi ne sommes-nous pas gênés dans ce réduit, malgré son peu d'étendue, et comme, en somme, il faut tirer parti du peu qu'on a sous la

main, nous avons bientôt installé une couche passable avec des herbes sèches et des roseaux, où on
arrive à reposer tout aussi bien que dans un lit
moelleux, quand on a été secoué pendant toute la
journée.

Notre provision de pain arrive à sa fin, et nous
sommes dans la nécessité de pourvoir à son rem-
placement, au moyen de différentes espèces de
galettes ou pains mal cuits, appelés mo-maus,
piène, etc., qui sont la base de la nourriture de la
plus grande partie des habitants du Céleste-Empire,
en dépit de la croyance générale des étrangers, qui
ne se représentent pas les Chinois autrement qu'en
présence d'un bol de riz, tandis qu'en réalité le
riz n'est commun que dans un tiers de la Chine à
peu près, et que dans le reste du pays c'est un
article de luxe, que les gens jouissant d'une certaine aisance seulement peuvent se permettre.

11 janvier.

Départ à cinq heures et demie.

Pendant notre arrêt du milieu du jour à Ho-tia-
Sain, de onze heures à une heure, il arrive, en
assez bon ordre, une colonne mobile de cinq à six

cents hommes armés, la plus grande partie, de fusils de munition européens, avec baïonnette au bout du fusil, et le reste de lances et de drapeaux triangulaires, toujours en grand nombre dans tous les corps chinois possibles. Cette colonne parcourt le pays constamment, étant chargée d'en tenir éloignés les voleurs et les rebelles; mais il est bien évident que, malgré sa bonne apparence, elle ne manquerait pas de fuir si les rebelles se présentaient, et je crains bien, qu'au lieu d'être une protection pour le pays, elle ne soit pour lui une nouvelle charge, et n'achève d'y piller le peu que les rebelles y ont laissé.

Aujourd'hui, le dix-huitième jour depuis notre départ, nous voyons enfin quelques collines qui paraissent être l'avant-garde d'une chaîne de petites montagnes s'étendant vers le sud-ouest; quoiqu'elles soient aussi pelées que le sont ordinairement les montagnes des côtes de Chine, elles ne font pas moins un agréable contraste avec la régularité monotone de la plaine au milieu de laquelle nous voyageons depuis si longtemps. Leur base est marécageuse et conserve quelques traces d'un ancien lit de rivière, dans lequel il est possible qu'il y ait encore un peu d'eau en été, mais qui est complétement à sec en ce moment.

9.

Depuis deux ou trois jours, je remarque certaines chèvres grises d'une petitesse extraordinaire. Ces chèvres sont-elles une des nombreuses bizarreries de la nature qu'on voit en Chine, comme l'acacia sans épines du Shantong, le raisin et l'orange sans pépins du Petchili, la pêche plate du Kouang-Tong, etc.? Ou bien sont-elles, avec les petits chiens dits de Pékin, de nouvelles races diminutives d'animaux, qu'avec leur patience et leurs idées bizarres les Chinois ont voulu inventer, comme ils sont déjà arrivés à créer des espèces naines d'arbres rabougris, auxquels ils donnent les formes les plus fantastiques et qui font le principal ornement de leurs jardins? C'est ce qui est difficile à dire; cependant, connaissant ce dont ils sont capables en fait de grotesque, je serais assez disposé à pencher vers la seconde supposition.

Nous arrivons à cinq heures à Sui-teou-Fou, grande ville entourée de villages à très-petites distances, dont plusieurs se déploient en amphithéâtre sur les collines environnantes, de manière à former un coup d'œil très-agréable et un ensemble qui ne doit pas manquer de certains charmes pendant la belle saison. Tout est en très-bon état dans cette ville et ses environs, les rebelles n'ayant pas passé par là, soit que cela les eût dérangés de leur route, soit qu'ils en aient été empêchés par la présence d'une forte garnison, cette ville étant essentiellement militaire, ainsi que l'indiquent la quantité de drapeaux qui flottent de tous côtés sur les remparts et le grand nombre de soldats qui s'y trouvent, autant à l'intérieur qu'à l'extérieur, dans des camps retranchés assez nombreux. Elle est entourée de deux enceintes différentes : l'une intérieure, renfermant la ville proprement dite, est construite en pierres de la manière ordinaire dans ces pays ; et l'autre, qui fait le tour de tous les faubourgs assez étendus, aussi en pierres, élevée depuis peu de temps, trahit par ses dispositions une direction européenne, tout aussi bien que la discipline peu ordinaire que je remarque chez les soldats placés aux différentes portes, et la propreté et le bon entretien des fusils de munition et mousquets européens qu'on voit de tous côtés, soit entre les mains des hommes, soit disposés en faisceaux.

Sui-teou-Fou est d'autant plus peuplé qu'il paraît en ce moment être le refuge d'une foule de campagnards. Sa partie nord est protégée par une forte et belle digue en pierres que devait baigner dans le temps la rivière dont j'ai déjà remarqué des traces ce matin, et qui maintenant paraît avoir pris une autre direction, puisque le lit est à sec ici comme plus haut, sauf quelques mares existant encore dans les parties les plus basses.

Nous trouvons une auberge passable dans les faubourgs, mais nos voituriers n'en semblent pas satisfaits, car ils crient comme des blaireaux qu'on écorche, ainsi que cela leur arrive depuis plusieurs jours, prétendant qu'on leur fait payer huit sapèques ou un sou la livre de mauvaise paille de roseaux qui forme la base de la pâture de leurs mulets. S'il en est ainsi, ils ont quelque raison de se plaindre, car c'est plus cher que le foin en France.

L'axiome du bon marché en Chine, cité à tout propos, est, du reste, loin d'être aussi exact qu'on se l'imagine ; car j'ai souvent vu les Chinois payer trente sapèques ou environ vingt centimes la livre de leur mauvais pain mal cuit, et quelques sapèques de minces tranches de pastèques, raves, navets, poires, etc.; par conséquent, ce qui rend la vie matérielle peu dispendieuse en Chine est beaucoup moins le bon marché supposé que le peu de besoins relatifs des Chinois, provenant certainement de la modicité extrême des moyens pécuniaires de la grande généralité d'entre eux.

C'est, je crois, dans ce fait qu'on doit chercher l'origine des petits métiers et des petites industries subdivisées à l'infini qu'on rencontre à chaque pas et qui s'adressent à toutes les bourses, si infimes soient-elles. Ainsi, on voit des colporteurs et marchands en boutique, détaillant pour deux et un sapèques, soit un centime et même un demi-centime, des fruits, du pain, du riz, du millet, des bonbons, des gateaux, de mesquins morceaux d'étoffe et autres objets de première nécessité. On rencontre à tout bout de champ des échoppes d'ouvriers fabricant des meubles en bambou, des outils, des instruments aratoires et autres, les plus simples possibles, qui peuvent être livrés à la consommation à des prix excessivement réduits.

Je ne serais pas étonné non plus si on ne devait voir là une des causes qui ont tellement développé le jeu dans ce pays; car tout Chinois est né joueur, et il joue d'autant plus qu'il possède moins. Il emploie tous les moyens possibles pour satisfaire sa passion. Il a inventé tous les jeux : échecs, cartes, dominos, roulette, etc., et le petit marchand de comestibles, bibelots et autres objets de peu de valeur n'est jamais au dépourvu de dés, cartes et même minces morceaux de bambou pour faire tirer au sort sa marchandise par les nombreux chalands qui l'entourent contre un enjeu quelconque.

IX

12 janvier.

Nous partons à quatre heures, et nos hommes, animés d'une ardeur peu commune, nous font faire 90 lis avant la halte de onze heures à une heure, et 50 lis de plus pour arriver à la couchée, vers six heures, à Lion-Ki, où nous retrouvons un gîte en boue et roseaux.

Plus nous avançons et plus le pays devient désolé; beaucoup de villages sont complétement détruits et inhabités, d'autres sont en ruines et ont

conservé une partie de leur population décimée.
Les plus grands et les villes se sont fortifiés tant
bien que mal, et sont devenus le refuge d'une partie
de la population des campagnes qui s'y est abritée
à la hâte dans des cases légères en boue et roseaux.
Ce sont bien les Taïpings qui ont exercé tous ces
ravages, car le mal est à peu près aussi complet
qu'il peut l'être : on ne voit que décombres de toutes
parts; beaucoup de champs sont en friche et la misère est si grande qu'à chaque instant on rencontre
des femmes et des enfants allant ramasser des
herbes et racines sauvages pour ne pas mourir de
faim. Pauvre Kiang-Nan, qui naguère était la plus
riche province de la Chine! Quel piteux état que
celui dans lequel il se trouve en ce moment! Ce
serait à en désespérer si on ne connaissait la vita-
lité de la race chinoise, la résignation avec laquelle elle supporte les coups les plus cruels, et la
patience et l'espèce de fatalisme qui lui font accepter avec facilité les faits accomplis et recommencer
sans hésiter la vie à nouveau.

A la suite de terrains marécageux nous voyons
aujourd'hui quelques champs disposés pour la culture du riz, qui sont les avant-coureurs des nombreuses rizières, allant en se multipliant à mesure
qu'on avance dans le Kiang-Nan.

Dans une grande étendue de champs, partie cultivés et partie en friche qui vient ensuite, nous
rencontrons une douzaine de paysans qui sont en
train de chasser le lièvre au moyen de faucons et
de chiens. Leur méthode n'est pas très-compliquée;
comme ils n'ont pas de chiens courants, ils en remplissent l'office eux-mêmes, et quand le lièvre est
en vue, ils lancent en même temps faucons et chiens
qui ont bientôt happé le gibier, l'office du faucon
étant de se placer devant le lièvre et de l'arrêter
simplement à coups d'aile jusqu'à ce que les
chiens soient arrivés pour le prendre. Quelquefois
ils chassent au faucon seulement, mais alors
il y a toujours beaucoup de gibier parvenant à
s'échapper.

13 janvier.

Peu de temps après notre départ, à cinq heures
et demie, nous traversons quelques-uns de ces terrains marécageux qui font les délices des Chinois,
et au milieu desquels ils ne manquent jamais de
placer leurs habitations quand ils en ont l'occasion; on dirait vraiment que ces eaux stagnantes et
empestées, que nous fuyons avec empressement,

sont leur élément naturel, tellement ils ont l'air d'é-
prouver de plaisir à s'en entourer et à respirer les
odeurs délétères qui s'en dégagent.

Je croyais que les charrettes à quatre roues,
dont nous avons rencontré un grand nombre de spécimens depuis une dizaine de jours, étaient tout ce
qu'il y avait de plus primitif ; mais il paraît que j'é-
tais dans l'erreur, car aujourd'hui nous voyons un
nouveau genre de voiture bien plus curieux encore :
ce sont des machines à trois roues, dont deux grandes à l'arrière et une plus petite à l'avant, qui ne
sont pas pleines comme celles des chariots à
quatre roues, mais dont les jantes sont reliées au
moyen de deux très-larges et épaisses traverses en
croix. Les roues de l'arrière tournent autour d'un
essieu très-massif, et celle de l'avant est fixée par
une espèce de fourche reposant d'un côté sur cet
essieu et reliée de l'autre côté par des traverses à
l'énorme caisson qui repose sur cet ensemble ; le
tout est ferré sur toutes les coutures et forme le vé-
hicule le plus lourd qu'il soit possible de voir. Cependant, à le bien examiner, il paraît posséder un
avantage sur son congénère, car sa petite roue de
l'avant est disposée de manière à lui permettre de
tourner presque facilement, tandis que ledit cha-
riot à quatre roues ne peut décrire de courbe qu'au-

tant que son conducteur l'y force en le poussant
avec l'épaule.

Nous relayons à Kaodza de neuf à onze heures.

Les voituriers nous font ensuite prendre une
autre route que celle que nous avions décidé de
suivre, et sous prétexte de voleurs et de crainte
d'être arrêtés au service des mandarins, ils nous
font traverser l'ancien lit du fleuve Jaune, ce qui n'é-
tait pas dans notre programme et va allonger notre
route d'une bonne demi-journée.

Il est grand temps que nous en finissions avec les
voitures et les voituriers, car les mulets commencent à être éreintés et leurs conducteurs deviennent
tous les jours plus rétifs et plus paresseux; il est
vrai que sans rien leur avoir fait faire d'extraordinaire, nous les avons un peu surmenés, suivant eux,
les Chinois n'étant pas dans l'habitude de faire une
aussi longue route sans la couper par plusieurs
jours d'arrêt.

Ce sont d'assez curieux types, chacun dans son
genre : le premier, qui tient la bourse commune,
est un garçon sérieux, posant pour le beau fils et
l'homme entendu, ne sachant cependant pas grand'-
chose, dormant constamment et toujours disposé
à s'arrêter; le second, qui est le mien, est celui qui

dirige la route, quoiqu'il n'en connaisse guère plus que les autres : il a du flair cependant, et, bien qu'il ne veuille pas demander son chemin, il se trompe rarement, va constamment de l'avant sans hésiter, toujours criant, jurant, insultant tout le monde, ayant l'air passablement mauvais sujet, avec sa peau tannée, son petit nez retroussé et ses diminutifs d'yeux de porc perçants comme des vrilles ; c'est celui qui attrape généralement les avertissements sans réplique. Le troisième, qui est le plus jeune, est le loustic de la bande ; il a probablement le ver rongeur, car on le voit toujours manger ; il est assez disposé à aider ses collègues, ce qui est peu ordinaire chez les Chinois et doit être un bon garçon. Quant au quatrième, c'est une brute de la pire espèce ; aussi laid que possible, canaille en diable, méchant, hargneux, se faisant une querelle régulièrement à chaque auberge où nous nous arrêtons, quoique n'ayant presque plus la force de crier et de se traîner, tellement il est asthmatique, ayant tellement pris l'habitude de frapper ses mulets que son fouet est machinalement en mouvement d'une manière constante, ce qui naturellement ne produit plus aucun effet, et étant avec cela si paresseux que ses bêtes n'ont jamais rien dans leur mangeoire quand les autres ont déjà avalé la moitié de leur ration. Enfin tous les quatre tenant leurs fouets à bras tendu, comme autant de cierges, suivant la ridicule mode du pays, nous contrariant toutes les fois qu'ils en trouvent l'occasion, tâchant de nous faire faire le plus de mauvais sang possibl e et devenant de plus en plus idiots tous les jours.

Quant à nos domestiques, ils ont aussi bien besoin d'arriver à la fin de ce voyage, car ils sont entière- ment abrutis par le peu de travail qu'ils doivent faire, et qui est tout à fait en dehors de leurs habi- tudes qui sont de ne rien faire à peu près. Celui de Sandri ne comprend plus ce qu'on lui dit, le mien ne sait plus ce qu'il fait, et tous les deux tombent de sommeil, quoiqu'ils aient bien le temps de dormir, autant pendant la nuit dans les auberges que le jour dans leurs voitures : aussi nous devons nous servir les trois quarts du temps, sans quoi nous ne serions jamais prêts à partir.

Le fleuve Jaune est naturellement à sec, puisqu'il s'est fait un nouveau lit, comme je l'ai dit plus haut. La rive droite est à peu près au niveau du fond de cet ancien lit du fleuve, mais la plaine de la rive gau- che est au moins quatre mètres au-dessous de ce niveau, tellement le lit s'était élevé par le dépôt successif de ses eaux. C'est à n'y pas croire, mais c'est cependant comme cela. En voyant cet état de choses, il est facile de comprendre les brusques débordements de ce fleuve, et ce qui étonne, au contraire, c'est que ces catastrophes ne se produisent pas plus fréquemment.

Immédiatement sur la rive gauche du fleuve, et par conséquent fortement en contre-bas, se trouve Tong-sing-Shien, ville grande et populeuse, dont les habitants n'ont pas dû être fâchés quand le fleuve a changé de lit, car ils l'avaient littéralement sur la tête, et étaient constamment exposés à une destruction imminente, la seule protection étant une digue en terre que la moindre chose pouvait faire rompre à chaque instant. Combien de villes, villages, hameaux, etc., étaient et sont encore exposés au même danger! Danger dont les Chinois paraissent se faire un jeu dans leur insouciance, qui, en résumé, est un des bons côtés de leur caractère, surtout dans de semblables conditions.

Quelques centaines de pas après être sortis de la ville, nous traversons en bac le Grand-Canal, qui a environ deux cents mètres de large en cet endroit, où il est bien encaissé et assez fréquenté. Grâce aux délais ordinaires, nous mettons une bonne heure pour nous rendre à l'autre bord, et ne tardons pas à arriver peu après à Tsong-ko-Ki, où nous couchons.

14 janvier.

A deux heures et demie nous sommes brusquement réveillés par des coups de canon, une vive fusillade et les cris : « Toufi, kiang-dau-laï », ce qui veut dire « les voleurs, les brigands, les pirates sont-là ! »

Les coups de canon sont tirés en grande partie de la ville de Tong-sing-Shien, quelques-uns et la fusillade partent du village où nous sommes, et qui est tout sens dessus dessous ; ville et village seraient attaqués par une armée qu'il n'y aurait pas plus de poudre de brûlée, mais ce n'est que de la poudre, car, en dépit de toute l'attention possible, je ne puis arriver à distinguer le sifflement d'une balle ou le bruit particulier que fait un boulet en fendant l'air. Nous apprêtons notre petit arsenal, se composant de chacun un fusil de chasse et un révolver, et nous attendons les fameux vo- .eurs de pied ferme ; nos boys, électrisés par l'exemple, après être restés ahuris pendant long- temps, s'emparent l'un d'un mauvais coupe-choux chinois et l'autre d'un sabre coréen que j'ai par hasard, et se mettent à monter bravement la garde devant les voitures.

Après une bonne heure, le vacarme diminue graduellement et finit par cesser entièrement, et on nous annonce que les voleurs se sont retirés après avoir mis le feu à deux ou trois maisons que nous voyons en effet flamber. C'est là le moyen qu'ils emploient ordinairement, tout en faisant le plus de bruit possible, afin d'éloigner les personnes habitant les maisons qu'ils ont le dessein de dévaliser, car voleurs et volés sont tout aussi poltrons les uns que les autres.

Bien entendu qu'on s'est borné à faire le plus de vacarme possible, et que les nombreux soldats qui sont en garnison dans la ville, comme aussi ceux du village, n'ont pas fait un pas pour courir après les voleurs, qui, très-probablement, n'étaient pas plus d'une douzaine. Par exemple, aussitôt que le jour paraîtra et qu'il n'y aura plus de danger, on fera une brillante sortie et on en profitera pour piller un peu les gens du village après les avoir si vaillamment défendus.

La poltronnerie des Chinois m'a toujours étonné ; car ils sont organisés de manière à ne pas trop redouter le danger : d'abord ils sont très-fatalistes ;

ensuite leur système nerveux est tel, qu'ils ressentent beaucoup moins la souffrance que nous; et puis ils meurent généralement sans sourciller, et tous ceux qui sont condamnés à mort attendent très-bravement le coup fatal. Cependant, malgré tout cela, ils sont essentiellement peureux, et quand le moindre danger se présente, et quoiqu'ils soient dix fois en force nécessaire pour résister, ils suivent invariablement leur premier mouvement qui est de fuir ou de se cacher.

Nos voituriers ne manquent pas de mettre cette alerte à profit, et il n'y a pas moyen de les faire partir avant le jour, c'est-à-dire à six heures et demie.

Jusqu'à présent nous rencontrions bien en chemin un bon nombre d'hommes armés; mais maintenant tout ce qui se trouve sur notre route est porteur d'une arme quelconque : les uns ont des piques; les autres des lances, sabres, couteaux, et je remarque même quelques fourreaux de sabre vides. C'est à faire pitié de voir toute cette vieille ferraille, surtout quand on sait l'usage qui en serait fait au besoin. Jusqu'à des gens en guenilles n'ayant pas un sou vaillant qui sont porteurs de quelque semblant d'arme pris on ne sait où; on se demande ce

à quoi ces misérables prétendent, car, chez nous,
ceux qui n'ont rien à perdre n'ont jamais songé à
avoir l'air de craindre les voleurs; mais il ne faut
s'étonner de rien dans ce pays, où tout se fait au
rebours de ce que nous considérons comme le sens
commun.

Ainsi on voit les voleurs qui exercent leur petite
industrie en faisant le plus de bruit possible, tandis
que chez nous leurs confrères font leurs coups
tout à fait à la sourdine. Ici le deuil se porte en
blanc; la place d'honneur est à gauche. Lors des
mariages, les rites veulent que les prétendus ne
se soient jamais vus et la mariée est en rouge; il
est de la dernière inconvenance de se découvrir
devant quelqu'un avec qui on n'est pas très-fami-
lier; des étrangers se rencontrant se demandent
réciproquement leur nom, leur âge, d'où ils viennent, où ils vont, leurs tenants et aboutissants,
toutes questions que nous considérons généralement comme assez indiscrètes; les règles de la
politesse exigent que l'invité insiste pour payer, ce
que nous regardons parfois comme une insulte;
il est d'usage qu'après un bon repas on témoigne
sa satisfaction en laissant échapper certains bruits
dont abusent quelques-uns de nos voisins les Espa-
gnols et que nous avons le mauvais goût de trouver

inconvenants; on pense généralement en Europe qu'on ne peut couvrir une maison qu'après en avoir élevé les murs, tandis qu'ici on dresse le plus souvent charpentes et toit en premier lieu, après quoi les murs sont bâtis; enfin une foule d'us et coutumes extraordinaires qu'on saisit petit à petit quand on réside pendant des années au milieu de ce peuple bizarre et qui sont faits pour dérouter toutes les idées préconçues.

A dix heures et demie nous arrivons à Yan-ne-Ki, peu de temps après avoir traversé une rivière pleine d'eau en été, mais qui, alimentant le Grand-Canal en amont, est à sec en ce moment.

Nous partons à midi, et pendant le restant de la journée nous ne quittons pas le bord du Grand-Canal, dont la berge est crenelée tout du long, ce que je ne puis m'expliquer et dont je ne parviens pas à obtenir des Chinois une raison satisfaisante.

Le temps, très-doux hier, s'est gâté aujourd'hui; il vente très-fort, la neige nous prend en route et nous accompagne jusqu'à Tsan-Shih, où nous arrivons à cinq heures et où nous sommes dans la nécessité de forcer l'entrée d'une auberge dont les propriétaires nous fermaient la porte au nez, ce qu'ils regrettent ensuite en reconnaissant que nous ne sommes pas aussi diables que nous en avons l'air.

15 janvier.

Pour réparer leur erreur et nous montrer leurs bonnes dispositions à notre égard, les gens de l'auberge nous tiennent éveillés presque toute la nuit, en s'informant à chaque instant de nos désirs et essayant de les prévenir, ce dont nous nous passerions fort bien.

En route à quatre heures et demie, et comme nous faisons notre dernière étape, les voituriers, stimulés par l'étrenne qu'ils attendent, marchent assez bien.

L'usage des voitures se perd graduellement à mesure que nous avançons, et dans les lieux privés de cours d'eau, elles sont remplacées par les brouettes et surtout par le portage à dos d'homme au moyen de bambou, qui est beaucoup plus usité par ici que dans le nord; aussi les routes se font-elles de plus en plus rares, et aujourd'hui on n'en voit guère qu'une ou deux en dehors de celle que nous suivons, le pays étant desservi par de simples sentiers.

Nous traversons en bac le Tsin-Ho, petite rivière

par laquelle des quantités de sel sont amenées des bords de la mer, et qui communique avec le Grand-Canal à une certaine distance en amont. Une demi-heure après, c'est-à-dire à onze heures et demie, nous arrivons à Wang-tcha-Yen, qui est le terme de notre voyage en voiture.

Nous ne sommes pas fâchés d'en avoir fini avec cette manière de voyager, car il n'y a rien de plus énervant, à la longue, que d'être constamment entouré par la foule, pour laquelle on passe litté-ralement à l'état de bête curieuse et qui devient souvent tellement indiscrète, gênante et insolente, que, malgré toute la patience dont on est doué, on se laisse quelquefois aller à la disperser par le moyen de touchants arguments, quand la parole ne suffit pas. Nous serons bien toujours exposés à cette espère d'exhibition de nous-mêmes en ba-teaux; mais au moins là nous serons chez nous, et les occasions d'ameuter la populace autour de nous seront, dans tous les cas, beaucoup plus rares.

Wang-tcha-Yen étant situé sur la rive gauche de l'ancien lit du fleuve Jaune, et le lieu où nous devons nous embarquer, appelé Tsing-Kiang-Pou, étant sur la rive opposée, je m'y rends immédiatement

pour m'assurer d'un bateau sans perte de temps,
pendant que Sandri s'occupe de régler le compte des
voituriers et de les sortir des griffes des mandarins
de l'endroit, qui, dans le but de se créer un revenu,
ont imaginé d'arrêter toutes les voitures, sous
prétexte de service extraordinaire pour le gouvernement, et de les relâcher ensuite sur le paiement
d'une somme plus ou moins forte, suivant le cas.
C'est un de ces nombreux moyens de pressurer le
pauvre peuple, que les mandarins entendent parfaitement et qu'ils ne manquent pas d'employer
tout aussi bien quand il s'agit de voitures, bateaux
et brouettes qu'en tout autre circonstance, si peu
favorable soit-elle.

Wang-tcha-Yen et Tsing-Kang-Pou étaient, il y
a une quinzaine d'années, deux points de transit
très-importants, où passaient presque toutes les
marchandises du sud à destination du nord de la
Chine et *vice versa*. Le transport par voitures s'arrêtant à Wang-tcha-Yen et celui par bateaux sur
le Grand-Canal, en trop mauvais état plus loin,
commençant à Tsin-Kiang-Pou, les marchandises
devaient alors, et, d'une manière générale, être
débarquées dans l'un de ces points pour être réex-
pédiées de l'autre; mais depuis que, favorisée par
les ravages causés par les rebelles dans l'intérieur

du pays, la navigation européenne s'est emparée d'une bonne partie du transport des marchandises indigènes, l'activité commerciale qui existait ici a grandement baissé, et tendra encore à diminuer beaucoup si on donne suite au projet de réparation du Grand-Canal, lequel ne me paraît pas sérieux, quoiqu'on en parle énormément et qu'il y ait déjà quelques semblants de mise à exécution sur plusieurs points, entre autres à la traversée du fleuve Jaune, dans le lit desséché duquel on a déjà creusé un simulacre de canal.

Après avoir traversé cet ancien lit du fleuve qui est déjà en partie cultivé et qui est plus élevé que la plaine à droite et à gauche, je remarque en arrivant à Tsing-Kiang-Pou, et sur une distance d'un kilomètre environ, la première installation pouvant être considérée comme une espèce d'éclairage public que j'aie vue en Chine jusqu'à présent. Ce sont des pieds droits en granit de deux mètres de haut environ, placés de distance en distance et au sommet desquels sont creusées, sur trois faces, des cavités renfermant des lumignons qui, paraît-il, sont réellement allumés pendant la nuit. Ces réverbères d'un nouveau genre laissent certainement à désirer, mais je n'en suis pas moins étonné de trouver là un luxe pareil.

Le règlement de compte avec les voituriers, le marché à faire avec nos bateliers et le renouvellement de nos provisions nous prennent un temps infini, en raison des lenteurs sempiternelles et des exigences sans nombre de tous les Chinois avec lesquels on a affaire; aussi, malgré ce que nous faisons pour arriver à mettre à la voile aujourd'hui, cela nous est impossible, et nous devons nous borner à nous installer dans notre bateau, où nous couchons.

X

16 janvier.

Nous mettons tout notre personnel à l'œuvre de grand matin, mais les bateliers ayant naturellement négligé d'installer hier soir mâts, voiles et go-dilles, il est grand jour quand ils parviennent à se mettre en route. Nous sommes arrêtés une heure après devant un grand établissement de douanes, par un pont de bateaux que les gardiens, peu sou-cieux de se déranger par le froid qu'il fait, seraient assez disposés à laisser fermé encore pendant

quelque temps, mais qu'ils s'empressent d'ouvrir
quand ils voient qu'ils ont affaire à des barbares
étrangers.

Le vent du nord nous étant on ne peut plus favorable, nous marchons très-bien pendant toute la
journée. Nous longeons Hou-Yan-Fou et Po-Hing-
Shien, deux villes paraissant très-importantes et
très-peuplées, comme, du reste, tout le restant du
pays, malgré le passage des rebelles dont on voit
des traces à chaque pas.

Les champs sur les deux rives sont plus bas que
le canal et parfaitement adaptés pour la culture du
riz, car il n'y a rien de plus facile que de les ar-
roser au moyen des nombreux canaux d'irrigation
qui les coupent en tous sens et qui sont encore alimentés par quelques-unes des nombreuses et très-
belles prises d'eau et écluses en granit pratiquées
dans le temps à peu de distance les unes des autres
tout le long du Grand-Canal, et maintenant presque
toutes démolies.

Le Grand-Canal paraît avoir eu autrefois une largeur uniforme de cinquante à soixante mètres; il
conserve encore cette largeur en de rares endroits,
tandis qu'ailleurs il s'est graduellement rétréci en
s'envasant, et il y a certains points où deux bateaux

se rencontrant out peine à passer. Les digues étaient aussi revêtues de pierres de taille sur une grande partie de son parcours, mais maintenant il y a peu d'endroits où ses revêtements soient intacts, et les pierres de taille et massifs de briques qui composaient ces espèces de quais ont pris le chemin des constructions avoisinantes, au fur et à mesure que les digues se détérioraient, soit par suite de vétusté, soit par l'effet des eaux, et toujours avec l'aide intéressée de quelques Chinois riverains.

Vers le soir nous commençons à longer, sur la rive droite, le lac Ko-Yu-Ho, qui est une espèce de petite mer intérieure dont on ne peut apercevoir la rive opposée. Il est bordé de marais déssséchés où se rassemblent en ce moment des milliers et des milliers d'oies sauvages. Est-ce que par hasard cela nous annoncerait un froid plus intense encore ?

Nos bateliers s'arrêtent dans un petit village appelé Nea-Pou-Hen, où nous couchons, quoi que nous fassions pour les faire aller plus loin et profiter du vent excessivement favorable que nous avons.

17 janvier.

Au point du jour, nos bateliers nous annnoncent, avec une espèce de contentement, que le canal est gelé et que nous ne pouvons plus avancer. Nous croyons au premier abord que ce n'est pas sérieux, car il est inouï d'être pris dans les glaces par 34 degrés de latitude, mais ayant essayé de faire casser ce qui nous entoure et voyant que cela n'avance à rien, nous sommes bien obligés de nous rendre à l'évidence. Nous ne manquons pas de compagnons d'infortune, car les bateaux sont nombreux autour de nous, mais nous sommes les seuls à nous préoc-cuper de ce contre-temps, que les Chinois acceptent avec leur insouciance ordinaire et tout comme si ce fait, qui ne s'est pas présenté depuis beaucoup d'années, était tout à fait usuel. Les forts connaisseurs de l'endroit nous prédisant un changement de vent dans la journée devant nous amener un radoucissement dans la température, nous nous décidons à attendre patiemment.

La population a, dans ces parages, cette densité particulière au Kiang-Nan, si extraordinaire que, quoique les rebelles en aient détruit au moins le tiers, cela n'y paraît pas le moins du monde; certainement que si le reste de la Chine était peuplé de la même manière, on pourrait parler de près de cinq cents millions; mais j'ai déjà démontré qu'il n'en est pas ainsi.

Bien que le sol du Kiang-Nan soit le plus fertile

de Chine, on comprend qu'avec une population aussi grande il doit y avoir beaucoup de misère; cependant il est impossible, à qui ne l'a pas vu de ses propres yeux, de se rendre compte du degré de dénûment dans lequel se trouvent les trois quarts des habitants de ce pays-ci, depuis le passage des rebelles. Peu de personnes ont eu la chance de conserver leurs habitations, quelques-unes ont pu les rebâtir tant bien que mal, celles-là sont les privilégiées et ont généralement le nécessaire; mais la grande majorité grouille dans de mauvaises huttes en roseaux, paille et boue, et même dans de simples trous de deux mètres carrés creusés dans la terre et recouverts de mauvaises nattes doublées de boue. Tout cela vivant au jour le jour avec une écuellée de mauvais riz d'un côté, quelques débris de galettes de l'autre, des herbes bouillies, quelque peu de poisson; et les plus misérables, trop nombreux encore, obligés de se contenter assez souvent d'herbes crues et de racines. J'ai vu dans quelque rapport de missionnaire, que parfois il y en a de si malheureux qu'ils en sont réduits à tromper la faim en mangeant de la terre pendant plusieurs jours; j'en doutais alors, mais j'y crois maintenant.

Quant à dépeindre les haillons qui recouvrent

ces pauvres hères, c'est de toute impossibilité. Il n'y a pas de peinture de Callot qui puisse donner la plus faible idée de l'assemblage de loques sordides qui laissent une partie du corps exposé à la rigueur du climat, et ne paraissent faites que pour abriter, de leurs plis crasseux, les insectes parasites qu'il n'est pas rare de voir ramassés avec soin par ceux qu'ils ont dévorés jusqu'alors, lesquels leur font subir incontinent la peine du talion.

C'est étonnant la quantité de canonnières qu'on voit sur le grand canal. Je ne sais à quel service on peut les employer, mais il n'y a pas de village que j'aie traversé où je n'en aie vu deux ou trois : ce sont de petits bateaux légers, bien mâtés, garnis d'avirons, devant aller très-vite, munis de deux pièces de canon de petit calibre, généralement de fabrique anglaise, et montés par quinze ou vingt hommes devant naturellement vivre aux dépens des habitants.

18 janvier.

Malgré ce que nous disaient hier les malins de l'endroit, le temps n'a pas changé; le froid a au contraire redoublé d'intensité et on peut, ce matin, traverser le canal sur la glace.

Ne voulant pas rester ici indéfiniment, nous nous décidons à abandonner notre bateau et, comme nous sommes maintenant dans un pays où les chevaux et les ânes sont très-rares, où les mulets sont des curiosités et où il n'y a ni voitures ni charrettes, nous sommes obligés de nous rejeter sur la brouette, moyen de transport le plus élémentaire, quoique général en Chine.

En effet, la brouette se voit partout dans ce pays, avec des formes variant suivant les provinces, et surtout suivant les divers emplois auxquels elle est destinée. Il y a la grande brouette avec roue au centre et plate-forme de chaque côté supportant le fardeau qui, de cette manière, repose sur l'essieu et non sur les bras; cette brouette est quelquefois attelée de quatre ou cinq mulets, chevaux ou ânes, et, outre le conducteur, tenant les bras, demande deux hommes à l'avant pour la tenir en équilibre et empêcher qu'elle ne tombe à droite ou à gauche; cette brouette porte quelquefois de un à deux tonneaux de marchandises. Il y a ensuite la brouette de même forme, mais plus petite, avec un homme ou un âne traînant à l'avant et le conducteur aux bras, portant beaucoup moins de poids et souvent

employée par les voyageurs qui se mettent d'un côté
et équilibrent la machine au moyen du leurs bagages placés de l'autre. Cette forme de brouette,
grande ou petite, admet parfaitement la voile, que
les Chinois ne manquent pas d'employer toutes les
fois que le vent est favorable. On voit, de plus, la
simple brouette poussée par un homme, avec une
petite roue et une seule plate-forme au dessus, disposée pour recevoir voyageurs, marchandises ou
toute autre espèce de fardeau; la brouette du
colporteur, avec casiers, tiroirs, etc., où il dépose
ses articles; la brouette laquée rouge ou noire du
confiseur ou du pâtissier; la brouette plus simple
du détaillant de toutes sortes de provisions; la
brouette à charrier l'eau; enfin des variétés infi-
nies, trop longues à énumérer, se modifiant suivant leur destination.

Nos brouettes étant trouvées, ce n'est pas une
petite affaire que de conclure le marché avec leurs
conducteurs et la foule d'entremetteurs s'imposant
ordinairement dans chaque transaction de ce genre;
il faut ensuite nous débarrasser de nos bateliers,
qui ne manquent pas de réclamer avec instance,
quoique nous leur donnions intégralement le prix
convenu pour le voyage en entier qu'ils n'ont ef-
fectué qu'à moitié.

Il n'y a rien de plus insupportable que cette manière de demander et réclamer à tout propos qui est générale en Chine, car quoi qu'on fasse, et si généreusement paye-t-on les Chinois, ils sont si âpres à la curée qu'il n'y a jamais moyen de les satisfaire; c'est vraiment désespérant et quelquefois cela est poussé si loin qu'on est tenté de payer ces quémandeurs à la manière des mandarins, c'est-à-dire à coups de bambou. A ce défaut, ils joignent celui, encore plus grave, de rogner et voler toutes les fois qu'ils en trouvent l'occasion; aussi dans toutes les auberges où nous nous sommes arrêtés, on nous a invariablement fait payer quatre ou cinq fois le prix ordinaire, comme pour toutes les provisions et autres petits objets dont nous avons eu besoin en route, soit par exemple : trois à quatre sapèques pour une noix, huit à dix sapèques pour un navet, cinq à six sapèques pour un radis, trente à quarante sapèques pour une poire, et le reste à l'avenant; de plus, les voituriers et les autres passants ne manquent jamais d'essayer d'éluder le paiement de ce qu'ils doivent quand ils en voient la possibilité, et on doit exercer une surveillance continuelle afin de prévenir la disparition des petits objets qu'on a avec soi. Cette disposition à s'approprier le bien d'autrui, qui est naturelle à la masse des

Chinois, fait d'autant plus ressortir et admirer la fidélité avec laquelle certaines classes de négociants remplissent leurs engagements.

Nous arrivons enfin à terminer nos petites affaires, à avoir nos bagages chargés sur les brouettes et à nous mettre en route à midi.

Nous avons beaucoup de mal à tenir nos bateliers rassemblés, car ils ne paraissent pas avoir l'habitude de marcher de concert, et à chaque instant la bande se divise et se répartit sur une distance d'un kilomètre environ, ce qui ne peut nullement nous convenir, car une partie de nos bagages finirait par rester en route ; enfin avec le temps, la patience et l'usage de moyens persuasifs, nous finissons par avoir à peu près sous la main notre petit convoi se composant de neuf brouettes, dont sept pour les bagages, ét deux à notre usage, quoique nous fassions la plus grande partie de la route à pied.

Je ne conseillerai jamais aux personnes pressées d'arriver, de se servir de ce moyen de locomotion qui manquait à ma collection, car je n'en connais pas d'aussi lent et d'aussi ennuyeux ; à chaque instant quelqu'un de la bande s'arrête pour satisfaire à un besoin quelconque ; les temps de repos sont si nombreux qu'il serait difficile de les compter, et

presqu'à toutes les demi-heures il faut ou fumer,
ou boire, ou manger; aussi avons-nous le loisir de
faire comme tous les chiens de berger gardant des
troupeaux en marche, et nous pouvons tourner continuellement autour de notre convoi si le cœur nous
en dit.

Peu de temps après notre départ nous traversons
une vraie fourmilière de travailleurs que, sans exa-
gérer, on peut évaluer à une cinquantaine de mille
au moins, hommes, femmes et enfants, tous trans-
portant de la terre pour la réparation de la digue,
le long du lac, qui a été emportée, ainsi que le
grand canal, à cette partie-là, par les eaux de cette
petite mer grossies en été et tourmentées par les
orages. Les Chinois tentent de refaire là ce qui a
été fait dans le temps, mais le nouveau travail est
loin de valoir l'ancien, et je doute qu'il résiste au
premier orage qu'il y aura quand les eaux du lac
déborderont par suite des pluies d'été. En attendant, il y a un gaspillage épouvantable, et quand
les comptes arriveront à Pékin, Dieu sait à combien reviendra la charge de terre que je vois payer
de quatre à cinq sapèques. On rencontre des mandarins grands et petits de tous côtés, ayant l'air de
surveiller, diriger, etc., et malgré cela il y a un désordre tel, que certainement le même travail pour-

rait être obtenu dans de meilleures conditions avec
le dixième de travailleurs.

Une de nos brouettes se casse au milieu de cet
encombrement, que nous ne traversons pas sans
misère.

Les digues, en grande partie détruites par ici,
étaient certainement des plus belles parmi celles
dont on voit encore des restes sur toute la longueur
du Grand-Canal, et avaient pour double but de protéger le Grand-Canal d'abord, et ensuite de garantir
es terrains sur la rive gauche contre les inondations annuelles du lac, récipient naturel de toutes
les eaux pluviales de cette contrée-ci. Ces eaux
alimentaient le Grand-Canal, et le trop plein
s'échappait dans des canaux de décharge par le
moyen de déversoirs pratiqués dans les digues avec
forts dallages en pierres reliées entre elles par de
solides crampons en fer, dont il reste encore quelques spécimens en mauvais état.

Le chemin que nous suivons se trouve sur la
berge même du Grand-Canal, et est fréquenté d'une
manière prodigieuse; aussi ne sommes-nous pas à
bout de nos ennuis avec la curiosité de la populace,
car nous sommes constamment entourés par des
centaines de pouilléux, ce qui prouve que nous nous
sommes trop hâtés de nous féliciter de ne plus

avoir à poser pour des bêtes curieuses au moment
où nous avons pris le bateau que nous avons été
obligés de quitter ce matin, hélas !

Nous rencontrons un bon nombre de soldats presque tous armés simplement de leurs parapluies, et
seulement reconnaissables à l'écriteau peint en
gros caractères sur une pièce d'étoffe blanche de
forme circulaire appliquée sur le dos et sur la poitrine de chacun d'eux, ce qui est le signe distinctif
de la force armée en Chine.

A la tombée de la nuit, nous longeons Ko-yu-
Tchou, grande ville murée très-peuplée, n'ayant
pas de traces du passage des rebelles, et à sept
heures nous arrivons dans un petit village où nous
devons passer la nuit, après avoir fait un peu plus
de vingt kilomètres dans notre journée.

Les auberges ne sont plus abondantes comme
plus au nord, et le village n'en possédant pas, nous
ne trouvons pour abri qu'un mauvais cabaret, ou
plutôt un de ces débits de thé à peu près inconnus
au nord, mais très-répandus par ici, où le travail-
leur passe les trois quarts de sa journée à bavarder
et fumer en dégustant quelques tasses de thé. Ces
établissements reçoivent au besoin les voyageurs,
quoiqu'ils n'aient absolument rien de disposé à
cette intention.

19 janvier.

Nous avons passé la nuit en compagnie de dix-huit Chinois, nos brouettiers y compris, trois femmes, quatre enfants, trois chiens, un âne, deux porcs et une quantité de poules et de canards. Cette promiscuité est d'autant plus désagréable pour nous que ces gens, n'y regardant pas de si près, ne se donnent pas la peine de sortir pour satisfaire à leurs besoins; de sorte que, de temps en temps, on voit une forme nue se lever de son grabat et se diriger vers un baquet disposé dans un coin, et que, quand vient le matin, on se trouve dans une atmosphère parfumée dont on est bien aise de sortir au plus vite. Malgré la fatigue de la journée il n'y a pas moyen de dormir beaucoup avec un pareil entourage et les bruits divers qui en sortent, d'autant plus qu'en voyant ce tas de haillons on ne tarde pas à éprouver des demangeaisons partout le corps, dont on ne se débarrasse pas facilement ensuite.

Comme le porc qu'il élève avec sollicitude et en grand nombre, le Chinois est né avec des instincts de saleté remarquable. Il se complaît dans la fange, dans la boue, et paraît avoir horreur de l'eau en ablutions; car il ne se nettoie jamais qu'avec un chiffon trempé dans l'eau bouillante et tordu au préalable, le même chiffon, quoique de quelques pouces carrés seulement, servant aussi bien pour les mains que pour la figure, et encore ne se le passe-t-il que sur le moins de surface possible, de manière à ce que le plus souvent les oreilles et le cou conservent une forte couche de saleté pendant des périodes très-longues. Quant aux bains, il y a bien peu de Chinois qui en apprécient l'usage, bien que chaque ville possède quelques piscines où, suivant leurs goûts, ils peuvent grouiller pêle mêle dans l'eau chaude et sale.

Les vêtements ne sont pas plus lavés que ceux qui les portent, et en dehors des gens pauvres qui se vêtissent de haillons sordides, il y a peu de personnes, même riches, qui n'aient leurs habits ou au moins une partie passablement graisseuse et crasseuse. Ils ne regardent pas du tout à user de vêtements ayant déjà été portés par des personnes étrangères, et les monts-de-piété ne manquent jamais de chalands qui achètent leurs vieilles défroques et les endossent incontinent dans quelqu'état qu'elles soient.

Les Cantonais font exception à la règle, et sont généralement assez propres. Ils sont, du reste, su-

périeurs à leur compatriotes sous un grand nombre
de rapports.

Nous partons à six heures et demie, et pendant
toute la matinée nous voyons, de l'autre côté du
canal, des quantités innombrables d'oies sauvages
qui couvrent sans interruption une longueur interminable de terrain sur quelques centaines de
mètres de large ; c'est peut-être le changement de
temps annoncé qui va se faire.

Nous continuons à longer le Grand-Canal jusque
vers midi, quand on nous le fait traverser, je ne
sais pour quelle raison, car immédiatement après
nous avons à traverser d'autres canaux que nous
aurions sans doute évités de l'autre côté. Ces tra-
versées se font sur des bacs mal organisés, qui
n'ont pas la moindre installation pour faciliter
l'embarquement et le débarquement des brouettes,
aussi m'attends-je à chaque instant à les voir aller
à l'eau, avec la maladresse des brouettiers et des
passeurs de bac.

Pendant l'après-midi, nous suivons des sentiers
à travers les champs qui deviennent graduellement
plus élevés depuis ce matin. Nos brouettiers sont
éreintés et s'arrêtent à chaque instant ; ce serait à
y renoncer si nous avions un long voyage à faire.

Comme ils ne peuvent plus avancer vers six heures, nous sommes obligés de nous arrêter, une heure avant d'arriver au point que nous nous étions fixé, dans un petit village où nous ne trouvons rien de mieux pour loger qu'un bouge dans le genre de celui d'hier, mais où nous pouvons au moins avoir un petit réduit réservé à notre usage.

Dans notre désir de pousser nos hommes, nous n'avons rien mangé de la journée, ce qui n'est pas une raison pour qu'ils aient fait comme nous, car ils n'ont pas manqué de se restaurer dans tous les villages que nous avons traversés, quoique nous ne les ayons laissé s'arrêter que le moins de temps possible. Il ne serait pas trop tôt que nous en finissions avec la vie assez drôle que nous menons, surtout depuis quelques jours, car nous ne pourrions aller loin comme cela et nous serions bientôt aussi sales que les Chinois au milieu desquels nous vivons.

20 janvier.

Nous nous remettons en route à sept heures avec un temps très-radouci depuis hier.

Ce n'est que maintenant que nous sommes dans

le vrai Kiang-Nan, car ce que nous avons déjà traversé de cette province tient plus ou moins des
provinces du nord, tandis qu'à partir d'ici tout
prend un caractère particulier, d'après lequel les
Européens en général ont, à tort, cru pouvoir
juger de toute la Chine.

Les villes sont nombreuses et spacieuses; les
villages se touchent presque tous, et la population
est très-dense. Le sol est relativement fertile, passablement cultivé et fumé; les rizières se multiplient, les champs de blé, moins abondants, sont
plus productifs, ainsi que ceux de coton; ceux de
millet, haricots, etc., deviennent rares, et le sorgho
qu'on remarque encore à deux journées plus au
nord a tout à fait disparu. L'oreille saisit difficilement le dialecte nasillard particulier à cette province, et qui ici est encore plus désagréable à
entendre que dans les environs de Shanghaï. Les
habitants sont tout aussi bavards et lambins que
partout ailleurs, sont plus efféminés, et n'ont pas ce
hâle de bon aloi qui distingue les paysans du nord
de la Chine. Ainsi que dans le reste de l'empire,
on voit souvent de très-beaux vieillards à longues
barbes blanches, aux manières dignes, et à l'air
respectable; mais les vieilles Chinoises, si généralement laides, hargneuses et ennuyeuses, sont ici de

véritables mégères, à l'abord d'autant plus repous-
sant qu'elles font un. usage immodéré de la pipe.
Plus de routes, plus de charrettes; les canaux qui
sillonnent le pays en sont les grands chemins, et les
bateaux par milliers, de toutes formes et grandeurs,
sont les moyens de locomotion et de transport à
peu près exclusifs, en dehors de la brouette, qui
fait entendre son bruit criard énervant sur tous les
petits sentiers qui relient les villages entre eux. Auprès de chaque hameau sont disposés quelques coins
de terrain où croît le précieux bambou qui s'applique
à mille usages divers; entre autres à la construction
des maisons, à l'ébénisterie, à la fabrication d'outils, de meubles, d'usteusiles domestiques, d'instruments aratoires et de musique, au gréement des
bateaux, voire même au transport de fardeaux
que, surtout dans la partie méridionale de la Chine,
on suspend généralement à chaque bout d'un long
bambou reposant sur l'épaule du coolie, qui, en
poussant des « ha hi, ha hans » assourdissants,
s'en va en courant, dans le seul but d'avoir plus de
temps à flâner après sa course. L'atmosphère est
fortement imprégnée de cette odeur pénétrante
et peu agréable qui se dégage de la matière ré-
pandue de tous côtés dans les champs, transportée
à pleins bateaux ou conservée avec soin dans les

récipients de toutes dimensions qui ornementent le long des sentiers et le voisinage des habitations. De l'eau de toutes parts, où le poisson croît et multiplie, en dépit de la pêche active à laquelle le Chinois se livre en employant tous les moyens et engins possibles; depuis les filets, seines, carlets de toutes formes, barrages, pêcheries en bambous, roseaux, etc., jusqu'au cormoran apprivoisé et dressé qu'on voit assez souvent à l'œuvre dans les canaux. Les maisons ne sont plus en terre, maçonnerie ou épais massifs de briques, mais elles ont cette légèreté qui convient à des climats tempérés, c'est-à-dire que généralement les deux murs de côté et celui de l'arrière sont faits de briques et n'ont que quelques pouces d'épaisseurs, tandis que la devanture et les divisions intérieures sont de simples cloisons en planches; elles sont recouvertes de toitures en tuiles, reposant sur des pieds droits en bois pris dans les murs et n'ont presque toujours que le rez-de-chaussée dont les dimensions sont assez limitées et forment une habitation simple et économique. On ne voit plus de mulets; les chevaux sont assez rares et ne se rencontrent guère que dans les villes de garnisons tartares. Les bœufs, ânes et moutons deviennent peu nombreux; mais en revanche, on rencontre à chaque pas le buffle de l'Inde, animal qui se complaît dans l'eau et dans la boue et qui est assez doux, malgré son air et son regard farouches. Les chinois l'emploient plus souvent que le bœuf à labourer, à tourner la meule, à la noria, etc.

Nous arrivons à neuf heures à Yang-tchow-Fou, et le canal y étant navigable, nous nous empressons de nous débarrasser de nos brouettes et brouettiers, de prendre un bateau et de nous y installer au plus vite.

Yang-tchow-Fou était autrefois une cité industrielle assez remarquable, où étaient fabriquées les laques rouges dites de Pékin, qui, quoique assez peu estimées en Europe en ce moment, jouissent encore d'un grand prix parmi les Chinois. C'était, en outre une ville militaire de premier ordre, occupée pendant longtemps par les rebelles Taïpings, dont elle était un des principaux boulevards, avec Nankin et Ngan-King. Sa proximité du Yang-tze-Kiang et sa position sur le grand canal, qu'elle commande, en font toujours une place stratégique très-appréciée au point de vue chinois; aussi y voit-on quantités de bannières, piques et lances, indiquant la présence de troupes assez nombreuses, et remarque-t-on quelques réparations faites aux murs de la ville et aux forts détachés qui l'entourent, en grande partie détruits par les rebelles au moment où ils ont été obligés d'évacuer ce centre important.

L'intérieur de la ville se relève difficilement de ses ruines ; quant aux faubourgs, qui, dans le temps, étaient florissants et très-étendus, ce ne sont toujours que les monceaux de décombres que les rebelles ont faits au moment où ils sont partis en décimant la population.

Quel fléau que ces diverses bandes de rebelles qui, pendant tant d'années, ont parcouru la plus grande partie de la Chine, en ne laissant derrière elles que ruines et désolation ! Quelques esprits généreux ont cru un moment qu'il y avait chez les Taïpings un certain principe de révolution et de régénération qui aurait pu relever le pays ; mais la suite a bien prouvé qu'il n'en était rien, et que, malgré les prétentions mises en avant, ces Taïpings ne possédaient aucun but politique précis, aucune idée religieuse réelle, et qu'ils n'avaient en vue que le meurtre, le pillage et le viol.

Il s'écoulera probablement encore de longues années avant que ce malheureux peuple chinois, si atrocement opprimé, soit laissé un peu en repos, et certainement qu'une révolution aussi radicale

que celle qui lui est nécessaire ne se fera pas sans
de nouveaux désastres. Ce pays aurait grandement
besoin d'une main puissante, d'un homme qui,
s'emparant du pouvoir absolu, ne s'arrêterait pas
devant les moyens indispensables pour détruire la
clique mandarine de fond en comble et, du même
coup, supprimer tous les abus qu'elle ne fait que
multiplier depuis des siècles. Si cet homme pouvait
être l'empereur actuel ou un prince de la famille
impériale, sa tâche serait assez facile; et quand
bien même l'homme prédestiné sortirait de toute
autre origine, je ne crois pas qu'il rencontrât des
difficultés insurmontables, car les Chinois sont trop
habitués à l'obéissance pour ne pas se soumettre
assez facilement aussitôt qu'ils se verront conduits
par une main ferme, pour peu qu'elle leur paraisse
juste.

Une révolution faite sur ces bases n'amènerait
aucune désorganisation. La vieille civilisation chinoise repose sur de bons rouages, qui ne demandent qu'à être nettoyés pour aller très-bien; elle est
parfaitement susceptible de s'assimiler les progrès
faits en Europe, de sortir de son ornière et de marcher de concert avec notre civilisation, dès l'instant
où la jalousie des mandarins ne sera plus là pour
l'arrêter; comme aussi la mauvaise foi, le mensonge

et le vol ne seront plus autant à l'ordre du jour
quand les mandarins n'en donneront pas l'exemple.

Nous quittons Yang-tchow-Fou à dix heures et
demie et longeons les murs de la ville sur les deux
côtés que baigne le grand canal, littéralement couvert de bateaux de tous genres. Grâce à cet encombrement et au vent contraire, nous mettons sept
heures pour franchir les six à huit kilomètres qui
séparent cette ville du Yang-tze-Kiang, dans lequel
nous débouchons sans voir la moindre trace des
beaux travaux d'endiguement, quais, écluses en
pierres, etc., que Du Halde décrit, et qui ont probablement été emportés par les eaux du fleuve, qui paraît avoir pas mal rongé sur cette rive-ci et sur une
assez grande étendue.

L'activité extraordinaire qui règne en ce moment-
sur cette partie du Grand-Canal donne une idée
de ce que cela devait être sur tout son parcours,
avant la dévastation du pays par les rebelles, et
surtout quand ce grand canal était en état. Il faut
que les Chinois soient organisés d'une manière
toute particulière pour avoir relevé cette navigation
en si peu de temps qu'il l'ont fait, et nul doute, que
cela s'étende graduellement et rapidement au fur
et à mesure qu'ils retrouveront une certaine sécurité.

Je vois encore un grand nombre de canonnières tout le long du canal, et même deux petits bateaux à vapeur, dont l'un devant les murs de la ville et l'autre au débouché du canal, et tous les deux en plus ou moins mauvais état; le premier a quelques Européens à bord et me paraît pouvoir encore marcher au besoin, mais l'autre est entièrement livré aux Chinois et me fait l'effet d'être tout à fait hors de service, ce qui n'empêche pas à ceux qui le montent de regarder les hommes des canonnières du haut de leur grandeur, et de pavoiser leur espèce de poêle à frire des bannières multicolores les plus variées. Toute cette flottille de guerre ne fait qu'augmenter le désordre ordinaire dans tous les endroits très-fréquentés, et ce n'est pas sans de nombreuses collisions que nous arrivons à sortir du canal, où une masse de bateaux tâchent constamment d'entrer et sortir en même temps.

Une chaîne de collines longeant la rive droite du Yang-tze-Kiang en face de l'endroit où le Grand-Canal rejoint ce fleuve sur la rive gauche, ce n'est qu'à six ou huit kilomètres en aval qu'il reprend pour continuer ensuite jusqu'à Hanchow.

Nous descendons par conséquent le Yang-tze-Kiang pour aller reprendre le Grand-Canal sur l'autre rive; mais trouvant à moitié route et devant Tching-Kiang-Fou, et pouvant accoster le ponton de la compagnie de navigation à vapeur de Shanghaï, nous nous y arrêtons; et apprenant qu'un bateau à vapeur doit descendre dans la journée, mon ami se décide à l'attendre pour se rendre plus directement à Shanghaï, tandis qu'il me prend fantaisie d'allonger mon voyage et de profiter d'un autre bateau à vapeur devant remonter la rivière demain, pour visiter les ports de Yang-tze-Kiang.

XI

Tching-Kiang est une ville assez populeuse et
dont le commerce est rendu très important par sa
position assez centrale, sa proximité de Nankin, et
le trafic du grand canal impérial qu'elle commande.
cette ville est murée, occupe une grande étendue
de terrain au bas d'une petite chaîne de montagnes,
et ne manque pas de pittoresque. On remarque au
milieu de la rivière, et a une distance d'un mille et
demi, l'île d'Argent, qui est très-boisée et couverte
de pagodes en bon état, depuis sa base jusqu'à son
sommet peu élevé. Cette île, qui contient aussi un

petit village, est un but de pèlerinage très-fréquenté et parait être un lieu charmant.

Le commerce étranger a trouvé très peu à faire
à Tching-Kiang, où tout est entre les mains des
Chinois ; aussi n'y voit-on que quelques maisons européennes et ne compte-t-on que sur un développement très-restreint dans l'avenir ; car le rapproche-
ment de Shanghaï n'y laisse guère d'autre rôle à
remplir au commerce européen, que celui d'argent
de transport de marchandises pour le négoce chinois.

21 janvier.

Le vapeur « *Moyune* » arrive dans l'après-midi,
et comme il ne doit passer que peu de temps à
débarquer quelques marchandises, je me hâte de
me rendre à son bord, ce qui m'est assez facile du
reste, attendu qu'il se met pour faire ses opérations, bord à bord du ponton sur lequel je me trouve.

En route à la nuit et comme nous allons à toute vapeur et que le « *Moyune* » est un marcheur de première classe ainsi que la majorité des steamers qui
font le même service, nous ne tardons pas à perdre

Tching-Kiang de vue, en dépit du fort courant du fleuve qui nous est contraire.

N'ayant trouvé que deux passagers à bord, je n'ai pas eu de peine à m'installer d'une manière superlative, attendu que la place n'y manque pas, et que tout y est tenu admirablement.

Le *Moyune* est un bateau à roues de plus de mille tonneaux, construit sur le principe des bateaux de rivière américains, avec partie de sa machine sur le pont, deux rangs de cabines superposées et un magnifique salon, le tout parfaitement aménagé, et quoique les cabines ne soient qu'à une couchette, les voyageurs européens n'étant pas très-nombreux, on leur a conservé les dimensions de petites chambres parisiennes, de sorte qu'on s'y trouve dans les meilleures conditions de confortable possibles. Ces bateaux portent généralement un grand nombre de passagers indigènes, mais l'approche du nouvel an chinois les retient selon l'usage, et il s'en trouve fort peu à notre bord.

Leur présence n'est, du reste, pas un grand embarras pour les Européens, attendu qu'on a installé pour eux des aménagements tout à fait spéciaux et parfaitement distincts.

22 janvier.

Nous avons passé Nankin pendant la nuit et je n'en ai rien pu voir.

Dans la matinée, nous passons devant Wou-Heu, ville murée d'une certaine importance, sur la rive droite, que les rebelles ont aussi occupée pendant très-longtemps, et qui sort difficilement et lentement de ses ruines.

La marée se fait sentir jusqu'ici en hiver, quand les eaux sont basses, comme maintenant, mais en été et pendant les inondations, le fleuve coulant à pleins bords, elle ne se fait sentir que beaucoup plus bas.

Le fleuve qui, à son embouchure, a douze milles de large au moins, se resserre graduellement jusqu'à cent, cent cinquante milles en amont, où il a la largeur de près de deux milles, qu'à quelques exceptions près, il conserve presque dans toute la partie de son parcours fréquentée actuellement par la navigation européenne. Grâce à l'ampleur de son estuaire qui permet l'évacuation régulière de ses eaux dans la mer, on ne s'aperçoit qu'à une distance assez grande de l'embouchure des crues

extraordinaires qui se produisent chaque printemps
dans le Yang-tzé-Kiang, durent tout l'été et atteignent quelquefois, en de certains endroits, des
hauteurs inouïes. Ainsi il n'est pas rare de voir à
Hankow une différence d'une cinquantaine de pieds
entre le niveau de la rivière en été et celui de
l'hiver. Avec des crues aussi considérables, on
comprend parfaitement que les eaux de ce fleuve
soient aussi troubles qu'elles le sont pendant toute
l'année ; mais ce qu'on ne s'explique pas du tout,
c'est la raison qui a fait donner au Yang-tze-Kiang
le nom de fleuve Bleu; car, en dépit de la meilleure
volonté possible et malgré l'explication donnée par
les Chinois, on ne peut croire qu'il existe une partie de ce fleuve où l'eau soit assez limpide pour
avoir donné lieu à une pareille qualification.

Le volume d'eau que ce fleuve déverse dans la
mer est quelque chose de prodigieux et il n'y en a
probablement pas d'autre qui, à une largeur
moyenne aussi forte, réunisse comme lui un courant aussi rapide et une profondeur qui est énorme
en été, et qui, même au moment de ses plus basses
eaux, est toujours assez forte pour que des bâtiments d'un fort tonnage puissent le remonter
jusqu'à plus de six cents milles de son embouchure.

Ces crues extraordinaires, qui se produisent chaque année ont pour effet de rendre la navigation du fleuve excessivement dangereuse, surtout dans les endroits qui ne sont pas bien encaissés, car les berges sont souvent emportées par le courant, dans les parties basses. Les fonds d'eau varient continuellement, les canaux changent de position, des îles disparaissent, d'autres se forment, et tout cela fait du métier de pilote, sur ce fleuve, quelque chose d'autant plus pénible et difficile que, dans une certaine partie de son parcours, il se divise en plusieurs passes ou branches de longueurs diverses qui parfois ne laissent pas que de mettre les plus experts dans une grande incertitude.

Pendant ces inondations, toutes les parties de la campagne qui ne sont pas très-élevées sont inondées bien avant dans l'intérieur; aussi toutes les plaines sont-elles transformées en lacs immenses, au milieu desquels s'élèvent des bouquets d'arbres, des villages et des habitations isolées, dont très-souvent on ne voit plus que les toits, et qui font l'effet d'autant d'îles flottantes. Les Chinois habitant ces plaines exposées sont habitués à ces inondations périodiques, et ils en atténuent le mauvais effet en abritant à l'avance, sur les points élevés, leurs meubles et ustensiles, et toutes les parties des habitations susceptibles d'être entraînées par le courant; ils fuient devant la crue au fur et à mesure qu'elle se produit et se réfugient sur les monticules les plus voisins, où ils s'installent dans des baraques provisoires et y attendent la baisse du fleuve pour se réinstaller ensuite dans leurs habitations d'hiver avec le flegme qui leur est ordinaire. Les eaux déposent sur le sol un riche limon qui le rend très-fertile, et le laissent libre à peu près le temps suffisant pour permettre aux habitants de faire une récolte au printemps et une autre en automne.

Le pays devient très-accidenté, et le fleuve est bordé à distance et sur les deux rives de chaînes de montagnes d'une altitude limitée.

Nous rencontrons deux bateaux à vapeur pendant la journée.

23 janvier.

Nous arrivons à deux heures du matin à Kiu-Kiang, second port ouvert de l'intérieur, et en repartons à quatre heures, après avoir débarqué et embarqué quelques marchandises.

Le pays est très-mouvementé, aux environs de

12.

Kiu-Kiang, et les nombreuses montagnes qu'on voit à droite et à gauche présentent parfois d'assez beaux sites, quoiqu'elles soient fort peu boisées. L'île appelée « Little Orphan Rock, » qui se trouve au milieu de la rivière, avant d'arriver à Kiu-Kiang, est un immense rocher, en partie garni d'arbres, couvert de petites chapelles et d'inscriptions qui le rendent aussi remarquable que sa forme et sa situation bizarres; plusieurs passages relativement étroits, où le courant de la rivière est très-fort, ne manquent pas non plus d'un certain cachet, auquel les Chinois ont ajouté en élevant des pagodes, bonzeries, et quelques tablettes monumentales, dans les parties les plus abruptes et les moins fréquentées.

Outre les bateaux innombrables qui naviguent sur le Yang-tze-Kiang et se répandent dans l'intérieur du pays par les nombreux canaux et rivières qui se relient à ce fleuve, on rencontre de temps en temps d'immenses radeaux composés de pièces de bois de toutes dimensions; ces radeaux ont quatre à cinq cents pieds de long, trente à quarante pieds de large, et douze à quinze pieds d'épaisseur; ils se laissent dériver avec le courant depuis les parties boisées de la Chine, dans les provinces de l'ouest, et mettent trois à quatre mois pour se rendre à leur destination, qui est généralement Nankin et les quelques villes importantes sur les deux rives du Yang-tze-Kiang; ces radeaux sont montés par une vraie population d'hommes, femmes et enfants, abrités par autant de cabanes en roseaux et planches qu'il se trouve de familles sur chacun d'eux. Tout cela remonte ensuite en barque à son point de départ, ce qui, prenant encore plus de temps que la descente, fait que toute l'année est employée à un voyage complet.

Au milieu de la journée, nous passons devant Ngan-King, ville essentiellement militaire, où le gouvernement chinois installe en ce moment des fonderies de canons et des fabriques de poudre, avec quelques améliorations apportées par des employés européens qui s'y trouvent depuis quelque temps. Cette ville, dont tous les habitants ont été massacrés au moment où elle a été reprise par les impériaux sur les rebelles, se repeuple difficilement, et n'est qu'un amas de ruines dans sa plus grande étendue. Elle est entourée de murailles en pierres qu'on répare actuellement, et qui lui donnent une forme très-irrégulière, suivant la rivière et les sinuosités des petites collines, sur lesquelles elle s'élève en amphithéâtre.

Après Ngan-King, le pays devient assez plat jusqu'à Han-Kow, où nous arrivons à six heures du soir. Nous mouillons devant la concession européenne, et je m'empresse de descendre chez mon ami G....., qui m'a offert l'hospitalité.

XII

24 janvier.

Ma journée est consacrée à faire quelques visites et à parcourir la concession européenne qui a été établie le long de la rivière, à la suite du Han-Kow chinois, entouré de fortifications depuis deux ans pour le garantir des rebelles Taïpings, qui y ont été attirés plusieurs fois par ses richesses, mais qui ont toujours été repoussés. La concession européenne est très-bien située et présente déjà un assemblage respectable de très-belles maisons, avec les rues nécessaires, et un très-beau quai en ligne droite et planté d'arbres.

Han-Kow est le troisième port ouvert aux européens sur le Yang-tze-Kiang, et de beaucoup le plus important, puisque depuis des siècles il est le centre où se traitent les affaires des provinces du milieu et de l'ouest de la Chine, parmi lesquelles le Hu-Peh, le Honan et le Tze-Tchuen se font remarquer par leur richesse, leur population et la variété de leurs produits.

Pendant les deux premières années après l'ouverture de ce port, les opérations des Européens ont produit des bénéfices considérables, surtout par suite de l'exportation des thés noirs dont les districts producteurs sont assez rapprochés; mais, depuis quelque temps, les prix s'étant trop nivelés avec ceux d'Europe, la position a changé et on se plaint beaucoup de l'état actuel des affaires, encore aggravé par le pied que chaque maison a laissé prendre à ses compradores chinois qui, jusqu'à présent, ont été les intermédiaires indispensables de toutes les transactions entre Européens et Indigènes. Quelques personnes commencent à désespérer des affaires de ce port et parlent de l'abandonner; c'est un tort, car Han-kow est certainement appelé à un grand avenir pour le commerce européen qui trouvera graduellement un champ illimité à exploiter, autant en raison de la consommation, tous les jours plus importante, à laquelle l'importation d'articles européens pourra s'adresser plus directement, que par suite du nombre toujours augmentant des articles d'exportation que les nouvelles facilités de transport et la présence des Européens dans le cœur du pays feront, de plus en plus, affluer vers ce port.

Actuellement les thés noirs, du chanvre, quelques soies de Tze-Tchuen et du Honan, du charbon de terre d'assez bonne qualité, etc., etc., sont apportés à Han-Kow pour être vendus au commerce européen, lequel livre aussi à Han-Kow ses articles d'importation ; mais je crois que le temps n'est pas éloigné où on pourra se débarrasser d'une foule d'intermédiaires ruineux, entre les mains desquels la marchandise passe avant d'arriver au commerce européen, d'une part, et à la consommation indigène de l'autre, surtout si on agit d'après la détermination qui paraît assez généralement prise, de supprimer la plaie des compradores cantonais et de se livrer un peu plus à l'étude de la langue du pays qu'on ne l'a fait jusqu'à présent. La mise à exécution de ces mesures, à portée multiple, aura pour résultats immédiats et assurés : l'économie de nombreux frais tout à fait inutiles ; des relations plus suivies avec le commerce chinois, qui donneront des facilités d'autant plus grandes, pour le placement des articles européens et l'achat de produits indigènes, qu'on s'adressera plus directement à la consommation et aux pays producteurs, et enfin, l'établissement stable, sur cette place, d'un courant considérable d'affaires sérieuses, régulières et productives. Bien entendu qu'il ne faudra pas s'attendre à des profits semblables à ceux qui ont été faits au moment de l'ouverture du port, parce que cela s'est produit dans des conditions tout à fait anormales qui ne peuvent pas se représenter.

La question des compradores, à laquelle je fais allusion plus haut, offre assez d'intérêt pour que j'en dise quelques mots en passant.

Quand les Européens vinrent en Chine pour y commercer, ils étaient dans l'ignorance la plus complète de la langue, n'avaient pas de connaissances des affaires du pays, et surtout pas de relations avec le commerce chinois. L'obligation de résidence sur un point déterminé et très-limité en principe, l'impossibilité d'arriver au producteur ou au consommateur, suivant le cas, et la difficulté de s'adresser directement au marchand chinois dès l'abord, amenèrent naturellement les étrangers à prendre à leur service des intermédiaires indigènes qu'on nomma compradores, et qui, ayant déjà fait un stage chez les négociants du pays, leur rendirent des services réels.

En premier lieu, ces compradores n'étaient autre chose que de simples employés ; mais avec l'habileté ordinaire à leur race, ils multiplièrent leurs fonctions à l'infini, se rendirent tout à fait indispensables et donnèrent au rôle qu'ils jouaient une importance telle que chaque maison de commerce européenne fut bientôt divisée en deux parties tout à fait distinctes : d'abord les bureaux européens, où on s'occupait seulement de la portion européenne des affaires de la maison ; puis les bureaux chinois où le compradore régnait absolument sur une petite armée d'employés indigènes qu'il prenait à sa guise, où se traitaient toutes les opérations d'achats et de ventes de marchandises et où les manipulations d'argent avaient lieu ainsi que toutes les négociations avec les marchands chinois ; de sorte que généralement le chef de l'établissement se bornait à donner ses instructions au compradore et n'avait aucune relation avec les négociants indigènes.

Ceci se passait au bon temps des hongs à Canton, et comme à cette époque les bénéfices étaient considérables, on n'apportait pas grande attention aux dangers de cette organisation qui rendait les affaires si faciles.

De nouveaux ports furent ensuite ouverts aux étrangers, et en s'y installant graduellement, ceux-ci amenèrent les compradores à leur suite ; avec absolument les mêmes fonctions qu'à Canton dans les grandes maisons, mais avec certaines restrictions dans les petites où on commençait à reconnaître la nécessité de traiter plus directement avec les Chinois, à mesure que les affaires se divisaient davantage.

Cela marcha encore assez bien pendant quelque temps avec ces modifications partielles ; mais à Han-Kow le système ayant été introduit avec tous ses errements, il devint bientôt la ruine du commerce étranger établi dans ce port. Là, les compradores s'organisèrent ouvertement en corporation, sans l'aide de laquelle il était impossible de faire la moindre opération. Non contents des émoluments qui leur étaient attribués et des modiques commissions qu'ils percevaient auparavant sur les affaires qu'ils traitaient, ils en sont arrivés à prélever arbitrairement des commissions énormes de part et d'autre ; ils abusent du crédit des maisons qu'ils représentent pour faire des affaires pour leur compte, à tel point que certains compradores ont souvent atteint pour eux un chiffre d'affaires beaucoup plus important que celui des maisons dans lesquelles ils se trouvent; de plus ils usent des enseignements particuliers qu'ils ont sur la marche des affaires en Europe et en Chine pour faire à leur gré la hausse et la baisse, causer des perturbations réelles et compromettre les intérêts de ceux qui les emploient.

Tous ces abus s'étaient déjà plus ou moins produits dans d'autres ports, mais partiellement, tandis qu'ici ils se présentent d'une manière générale et font parfaitement comprendre la nécessité absolue d'en venir à un changement radical dans ce système dangereux qui a fait son temps.

Il faut dorénavant que les Européens traitent directement leurs affaires avec les marchands du pays, qu'ils connaissent maintenant aussi bien que leurs compradores; de cette manière chacun y trouvera son compte, et l'Européen rencontrera la meilleure volonté chez le Chinois, qui comprend parfaitement tout ce qu'il perd par l'intermédiaire du comprador. Si on veut absolument conserver le comprador, il faut qu'il soit réduit à son vrai rôle qui est celui de caissier, attendu que c'est là seulement qu'il peut réellement être utile sans danger, en rai-

son de la difficulté des payements qui résulte de l'u-
sage de l'argent en lingots, et que, dans cet emploi, il
ne pourra plus abuser du crédit de son chef, pas
plus que prélever sur lui des commissions in-
dues.

La connaissance de la langue chinoise se propage
un peu parmi les Européens et rendra de grands
services certainement, mais elle n'est pas absolument indispensable pour la transaction des affaires, puisque maintenant tous les Chinois qui ont
des relations avec nous connaissent l'espèce de
langue franque ou mauvais anglais généralement
usité dans les ports, et que tout nouvel arrivé doit
apprendre en premier lieu, ce qui peut se faire en
fort peu de temps, tellement cela est facile.

Les intérêts généraux de la concession sont
réglés à Han-Kow par une municipalité analogue à
celle de Shanghaï, avec quelques améliorations cependant que l'expérience acquise a permis d'y apporter.

Quelques puissances européennes, l'Angleterre,
la France et l'Amérique entre autres, y sont déjà
représentées par des consuls, et le nombre des nationalités représentées ira naturellement en augmentant chaque année.

La concession européenne n'est qu'un faible point

presque perdu dans l'ensemble du centre important formé par les villes de Han-Kow et Han-Yan sur
la rive gauche du Yang-tze-Kiang, separées entre
elles par la rivière Han, et de Wou-chang-Fou qui se
trouve sur la rive droite du fleuve, exactement en
face des deux premières villes. Wou-chang-Fou est
la capitale de la province du Hu-Peh, Han-Yan une
ville préfectorale de premier ordre et Han-Kow la
ville commerciale par excellence.

25 janvier.

Toute ma journée est laborieusement employée
à courir par les rues de Han-Kow, qui s'étend le long
du Yang-tze-Kiang et du Han, son tributaire le plus
important. On saurait difficilement donner une idée
de l'activité qu'on remarque dans cette ville, qui
est certainement le centre de commerce indigène le
plus important de ce pays. Les Chinois de toutes les
provinces s'y donnent continuellement rendez-vous,
et on voit, dans ses immenses magasins et dans

ses boutiques innombrables, les marchandises de toutes les provinces possibles.

Le courant du Yang-tze-Kiang étant trop fort, les jonques mouillent dans la rivière Han, sur une largeur de deux cents mètres et une longueur de six kilomètres au moins, ce qui veut dire qu'avec la manière chinoise de les ranger les unes contre les autres il y en a toujours environ une dizaine de mille, de toutes les formes possibles, variant suivant les provinces, à peu près toutes représentées dans ce port. Ainsi, on voit les grandes jonques multicolores du Kouang-Tong et du Fokien avec leurs voiles en nattes, à côté de celles aussi très-grandes du Kiang-Nan et du Shantong, dont les couleurs sont moins éclatantes et qui ont les voiles en forte cotonnade blanche ou rousse; les unes et les autres ont conservé la forme que devait avoir l'arche de Noé et ont leur avant uniformément orné d'une paire d'yeux énormes, sans quoi la jonque ne verrait probablement pas la direction qu'elle doit suivre; viennent ensuite les jonques du Hu-Peh, moins grandes et plus fines, avec leurs voiles d'un blanc de neige; celles du Tze-Tchuen, avec leur avant arrondi et très-effilé; celles du Honan, qui sont fort étroites et se font remarquer par leur vitesse; enfin une multitude de bateaux de toutes formes et toutes grandeurs qui apportent leur tribut à Han-Kow et desservent, les uns, toutes les provinces de l'est en descendant le fleuve et se répandant sur les côtes de l'empire ; d'autres, celles de l'ouest et du sud-ouest, par la navigation du haut Yang-tze-Kiang et de ses nombreux tribataires, qui s'étendent jusqu'au Thibet, d'une part, et au Kouan-Tong, de l'autre ; et enfin les derniers, le nord-ouest, au moyen du Han et de ses ramifications qui pénètrent dans les riches provinces du Honan, de Shensi, etc.

Je traverse le Han, dont la largeur est de quelques centaines de mètres, et visite Han-Yan qui, sauf le faubourg qui longe le Han, a peu d'importance.

La ville murée n'est pas grande et en partie déserte ; les temples et les yamens ou tribunaux et demeures des divers mandarins en occupant, pour ainsi dire, la majeure partie ; aussi les rues sont-elles on ne peut plus tranquilles, toute l'animation paraissant avoir été accaparée par Han-Kow.

Près de Han-Yan, dont elle semble faire partie, quoiqu'en dehors de ses murs, se trouve une colline peu élevée, d'où l'on domine cependant très-bien les environs. Le pays est d'une grande uniformité ;

cette colline et quelques autres, sur le côté opposé
du fleuve, étant les seules qu'on aperçoive aussi
loin que la vue peut s'étendre. Malgré cela le
panorama qu'on découvre du haut de cette élévation est assez remarquable : devant soi et à ses
pieds coule le magnifique Yang-tze-Kiang, sur lequel se jouent des milliers de bateaux qui le croisent
en tous sens; en face et sur le bord du fleuve fils
de la mer, la cité de Wou-chang-Fou se déroule
en amphithéâtre sur une petite série de collines
dont elle enserre une partie dans ses murs crénelés, qui paraissent ne pas avoir de fin, s'élèvent
et s'abaissent avec les accidents de terrain, en dé-
crivant les courbes les plus irrégulières; à droite,
Han-Yan et ses faubourgs, occupant un espace de
terrain beaucoup plus grand que ne le comporte
sa population; à gauche la rivière Han, d'abord,
avec sa flotte de jonques à l'ancre, et, ensuite, la
fourmilière appelée Han-Kow qui s'allonge en suivant le Han et qui, malgré son peu de largeur, contient cinq à six cent mille âmes; derrière soi, quelques temples, la campagne et le Han, qu'on peut suivre à perte de vue grâce à ses berges élevées, et enfin,
tout autour, une plaine riche et populeuse qui, avec
l'inondation, ressemble en été à une immense mer
de laquelle sortent, à peu de distance les uns des au-

tres, villages, hameaux et habitations isolés, surmontés et entourés d'arbres et de verdure, et faisant
l'effet d'autant de petits îlots.

Parmi les temples qui entourent Han-Yan, celui
connu sous le nom de temple au tortues se fait
remarquer par la quantité de petites tortues qui
y grouillent dans un bassin assez grand disposé à
leur intention, par la propreté qu'on y remarque
même dans les coins les plus reculés, ce qui est
plus qu'extraordinaire dans un pays aussi sale que
la Chine, et par la clochette de Bouddha, gardée
avec le plus grand soin dans une cage en bois
sculptée à jour, d'un fini parfait; cette clochette,
très-renommée, est en or massif, de petite dimension, et passe pour être le présent de l'avant-der-
nier Bouddha vivant de Lassa.

27 janvier.

Une grande revue de troupes chinoises devant être
passée à Wou-chang-Fou, nous nous réunissons
plusieurs pour y assister et nous traversons le Yang-
tze-Kiang de très-grand matin, ce qui n'est pas

une petite affaire, en raison de la largeur du fleuve et de la force de son courant. Nous commençons par parcourir la ville qui est très-grande, mais pas très-populeuse; car le tiers seulement de ce qui est entouré de murs est couvert de maisons, et le reste n'est que champs plus ou moins cultivés, étangs et mares de couleurs douteuses. La partie la plus rapprochée du fleuve est assez habitée, et on y voit quelques belles rues remplies d'animation; mais cela diminue vite, et on arrive bientôt aux quartiers officiels, où on ne voit que yamens, après quoi le vide se fait de plus en plus; de sorte que, malgré son étendue, cette ville a tout au plus cinq cent mille âmes.

Somme toute, la population de la réunion des trois villes a été grandement exagérée. Divers auteurs l'ont estimée à plusieurs millions, et Huc, entre autres, a cité le chiffre de quatre millions d'habitants, lequel n'a jamais pu être atteint, car on ne voit pas ou peu de ruines, et tout porte à croire que la population a maintenant la même importance que celle qu'elle a pu avoir aux époques les plus prospères.

Comme l'opinion émise par Huc paraît être celle d'un homme convaincu, on ne peut se l'expliquer qu'en établissant qu'il a traversé ce centre à la hâte et que, n'ayant pas les facilités nécessaires pour le visiter, il aura pris pour argent comptant les exagérations chinoises, que le mouvement extraordinaire de Han-Kow lui aura facilement fait admettre de bonne foi. En l'état, je ne crois pas que l'ensemble des trois villes ait plus de douze cent mille âmes, soit : cinq cent mille âmes pour Wouchang-Fou, six cent mille pour Han-Kow, et cent mille pour Han-Yan. Je laisse de côté la population flottante des jonques, mais si elle devait être comptée, il faudrait l'estimer à plusieurs centaines de mille âmes.

Les habitants de cette partie-ci de la Chine sont un peu plus grands et robustes que ceux du Kiang-Nan, mais ils n'en diffèrent aucunement comme type, teint, mœurs, coutumes et vêtements. Les femmes sont aussi rares dans les rues que partout en Chine, et celles qu'on rencontre ont un échafaudage de cheveux à n'en plus finir qui leur est particulier. La coiffure des femmes varie, du reste, non-seulement dans chaque province, mais dans chaque district. On remarque la même insouciance et les mêmes habitudes de malpropreté générale qu'à Shanghaï, et l'odorat y est tout aussi offensé des odeurs révoltantes que dégagent les matières déposées à chaque coin de rue, où transportées à toute heure du jour à dos d'hommes et dans des baquets; comme aussi la vue n'est guère récréée par les cadavres de bêtes et gens qu'il n'est pas rare de rencontrer, même dans les quartiers les plus populeux.

Après un déjeuner chinois passable que nous trouvons dans un restaurant avoisinant une immense rangée de temples couvrant deux des collines renfermées dans l'enceinte de la ville, nous nous rendons vers le champ de manœuvres que nous trouvons très-facilement, grâce à la quantité de curieux qui y afflue de toutes parts. Nous arrivons bien à temps et nous nous plaçons sur une estrade qui nous a été réservée par les soins de G***, qui, avec les fonctions de commissaire des douanes, cumule celles de commandant du corps du Hu-Peh, avec le grade de général chinois. De cette estrade, placée tout près de celle du vice-roi, on domine parfaitement le champ de manœuvres, disposé en carré long assez étendu, et nous sommes, par conséquent, on ne peut mieux placés pour voir la fantasmagorie qui va se dérouler sous nos yeux.

Les troupes sont déjà arrivées et couvrent pêle-mêle le champ de manœuvres, en attendant l'arrivée du vice-roi qui n'est pas éloigné, car le son de la flûte et le bruit du tam-tam et des autres instruments chinois, tous plus ou moins discordants, qu'on entend dans le lointain, annoncent son approche.

Il arrive enfin par le côté opposé à celui où nous sommes, accompagné par une suite nombreuse de mandarins de tous grades en chaises et à cheval. Une garde nombreuse et une quantité de hérauts, bourreaux, licteurs, etc., précèdent et suivent sa chaise d'apparat portée par huit robustes guillards, et sans laquelle un chef chinois qui se respecte ne se produit jamais en public. La foule ne se dérange guère et les licteurs sont obligés de frapper à grands coups de rotin, à droite et à gauche, pour faire ouvrir un passage jusqu'à l'estrade, où le vice-roi se place aussitôt. Les mandarins de sa suite se disposent en lignes sur les deux côtés, tous revêtus de leurs insignes et de leurs habits d'apparat ; ils forment ainsi une brillante constellation de boutons rouges, bleus et blancs, clairs et opaques, plumes de paon en quantité, chapelets de toutes sortes, en forme de longs colliers, et riches robes de cérémonie avec dragons, oiseaux fantastiques brodés et brochés devant et derrière ; le tout agrémenté d'inscriptions et bannières de toutes couleurs et en profusion tout autour de l'estrade. Cet ensemble produit un très-bel effet à distance, mais il ne faut pas y regarder de trop près, sous peine de trouver du linge d'une propreté plus que douteuse sous les habits de soie des plus grands mandarins, et de découvrir que le petit temple, où sont disposées les estrades, est intérieurement aussi nu et aussi sale qu'une écurie, et, d'après nos idées, très-peu disposé à la réception d'une aussi auguste assemblée. Mais nous sommes en Chine, et il ne faut pas oublier que, dans ce pays, tout est sacrifié à l'apparence, et que les monuments qui paraissent relativement les plus somptueux au dehors, ne renferment le plus souvent que loques, ruines et ordures.

Trois coups de canon, annonçant le commencement de la représentation, sont bientôt tirés, et c'est alors le plus beau désordre qu'il soit possible de voir ; chacun court de son côté, et les différents corps, qui ne paraissent pas avoir de postes particuliers, se mélangent avec un ensemble qui fait plaisir à voir.

Des milliers de drapeaux et enseignes de toutes formes et couleurs, ornés de dragons et de caractères chinois, sont furieusement agités par leurs porteurs, qui leur font décrire toute espèce de paraboles. Enfin c'est un brouhaha impossible à décrire, et ce n'est qu'après une bonne demi-heure, et à grand renfort de coups de bambou et

rotins, qu'on réussit à rendre le champ de manœuvres à peu près libre. Une foule compacte et
très-variée l'entoure, et les collines avoisinantes
sont couvertes de curieux.

Le corps franco-chinois, d'un effectif de cinq
cents hommes, qui a les honneurs de la circonstance, s'avance en premier lieu. Il se livre à la
série d'exercices ordinaires : marches, contre-
marches, charges à la baïonnette, feux de file et
de peloton, etc., etc., avec beaucoup de régularité
et de précision, grâce aux instructeurs français qui
en sont les officiers et qui ont rudement dû s'éver-
tuer pour arriver à un pareil résultat ; car les Chinois qui composent ce corps ne sont entre leurs
mains que depuis cinq mois. Les commandements
sont faits en français et assez bien compris. Le
vice-roi est très-satisfait de ces exercices, ainsi que
de l'apparence de ce corps, qui a un cachet tout
particulier, avec ses fusils à piston bien entretenus
et son uniforme composé de pantalons bleus serrés
à la cheville, d'amples vestes de coton bleu garnies
de larges bandes rouges, et de turbans bleu et
rouge, le tout relativement assez propre. Ce qui
paraît le frapper le plus, est la manière dont sont
manœuvrées quatre petites· pièces de campagne
appartenant à ce corps.

Après les franco-chinois viennent les vrais fantassins du Céleste-Empire, avec leurs fusils à mèche, leurs bannières en abondance, et n'ayant pour tout uniforme que l'inscription formée d'un ou deux caractères, appliquée sur le dos et la poitrine de chaque homme, au milieu d'un cercle d'un blanc sale, seul ornement que comportent les loques dont ils sont couverts. Ils sont environ quinze cents et se livrent à une foule d'exercices, parmi lesquels celui de la retraite paraît le mieux compris ; leurs feux de peloton, qu'ils semblent affectionner, laissent grandement à désirer, car leurs armes font souvent long feu, et cela n'est pas étonnant, vu leur manque d'entretien et l'usage de la mèche qui est loin d'être très-pratique, surtout avec la manie qu'a un bon nombre de ces braves, de détourner la tête au moment d'appliquer la mèche au bassinet, ce qui fait prendre au canon de fusil toutes les directions autres que celle dans laquelle devrait se trouver l'ennemi.

Les fameux tigres impériaux se présentent ensuite, au nombre de deux cents ; ils sont recouverts de la tête aux pieds d'un vêtement prenant bien la forme du corps, rayé et tacheté de manière à imiter la robe du tigre, ce qui est sensé devoir leur donner une apparence redoutable, mais ne réussit

qu'à les rendre très-grotesques. Ils sont munis de
boucliers en rotin et bambou qu'ils tiennent de la
main gauche, comme arme défensive, pendant
qu'avec un court sabre, tenu de la main droite,
ils frappent de taille et d'estoc dans le vide et se
livrent à une foule de contorsions ridicules qu'on
ne peut comparer qu'à l'exercice de clowns.

Le bouquet de clôture succède aux tigres; il se
compose du passage au pas de la cavalerie peu
nombreuse et montée sur de petits chevaux tartares, et ensuite, des exercices d'une vingtaine de
sujets choisis dans cette cavalerie, lesquels sont
des archers avec arcs en main et flèches dans le
carquois passé derrière l'épaule. Les cavaliers de
choix commencent par courir les uns après les
autres dans un fossé de cent mètres de long sur
deux de large et un de profondeur, creusé à une
petite distance en avant de l'estrade; leurs chevaux
sont lancés au grand galop et le but est de percer
d'une flèche une boule assez grande, en carton, placée
à deux pas du bord du fossé; chaque tireur a trois
flèches à lancer, et toutes les fois que le but est
atteint (ce qui est très-rare), on proclame à haute
voix le nom de l'adroit tireur qui est admis à se
prosterner devant le vice-roi, aussitôt qu'il a réussi
à se jeter à bas de son cheval. Après le tir à cheval,

vient le tir à pied, par les mêmes sujets. Une cible
est placée dans un endroit très-apparent et immédiatement sous l'estrade ; chacun des tireurs vient
à tour de rôle lancer ses trois flèches, avec un sérieux imperturbable et une lenteur des plus dignes ;
tous les mouvements sont calculés et rien n'est plus
risible, pour le profane Européen, que les salama-
lecs qui sont faits au vice-roi, avant et après le tir
de chaque flèche, et les poses torturées que tout
archer croit devoir prendre pendant le temps très-
long qu'il emploie à viser, ce qui ne l'empêche pas
de manquer le but très-souvent, quoiqu'il soit peu
éloigné.

Un roulement de gongs prolongé annonce la fin
de la représentation, et le désordre qui n'était que
partiel depuis le commencement, devient tout à
fait général.

Le vice-roi condescend à prendre part à un petit
ambigu préparé à son intention, et qui est littéralement mis au pillage par les mandarins à boutons
rouges et bleus qui, oubliant leur décorum ordinaire et probablement excités par la curiosité,
se jettent avec avidité sur les différents plats,
aussitôt que l'éloignement du vice-roi le leur permet.

Tout disparaît avec une rapidité telle que, malgré

l'empressement que j'y mets, je n'arrive que juste à temps pour voir engloutir les derniers morceaux par ces hautains personnages qui, ne se donnant même pas la peine de s'asseoir, avalent les choses telles qu'elles se présentent devant eux et mélangeant, sans sourciller, les mets les moins faits pour aller ensemble, tels que nougat et fromage d'Italie que je surprends plus d'une fois faisant route de compagnie.

Je n'oublierai de longtemps l'étonnement peint sur presque toutes les figures de ces braves Chinois, au fur et à mesure qu'ils dégustaient des choses aussi bizarres et aussi extraordinaires pour eux, pas plus que les grimaces risibles qu'ils faisaient toutes les fois qu'ils touchaient au bordeaux et autres vins rouges, lesquels ne leur plaisent pas comme le champagne et le vin de désert.

On lève enfin la séance et le vice-roi reprend le chemin de sa résidence, suivi de son escorte dans le même ordre qu'à l'arrivée; la musique infernale précède et les lecteurs crient à pleins poumons et manœuvrent leurs rotins à droite et à gauche pour ouvrir un passage dans la foule peu empressée. Le corps franco-chinois se retire en bon ordre, mais les autres troupes se débandent immédiatement et chaque soldat tire de son côté en traînant son fusil après lui. La foule s'écoule lentement en discutant et pérorant avec le verbe élevé, le sérieux et le calme qu'on ne trouve réunis que chez les Chinois.

Quant à nous qui, quoique invités, n'avons pu prendre part au festin, grâce à l'avidité et à la précipitation des mandarins, nous ne voyons rien de mieux à faire que d'aller au plus vite nous restaurer à Han-Kow où nous arrivons à la nuit.

Rien, n'est exagéré dans cette comédie qui se représente à toutes les revues de troupes chinoises et autres démonstrations publiques, lesquelles sont autant de preuves palpables de la faiblesse du gouvernement de ce pays, qui laisse si beau jeu à toute espèce de rébellion, quelle que soit son peu d'importance.

Voici un vice-roi qui gouverne deux des plus riches provinces d'une manière presque absolue, qui est membre du conseil privé, qui est un des huit premiers personnages de l'empire et qui, voulant faire une grande démonstration, n'a pas mieux à montrer que près de deux mille hommes déguenillés et pour ainsi dire pas armés! C'est à faire pitié vraiment et à désespérer de la Chine et des Chinois!... Car, quoi qu'on en dise et quoi qu'on fasse, il se passera de longues années avant qu'on arrive à quelque chose de sérieux dans ce pays.

On aura beau dresser des soldats, donner ou vendre aux Chinois des canons, fusils perfectionnés et autres bonnes armes, vouloir organiser leur système douanier, leur armée, leur flotte, etc., on n'arrivera de longtemps qu'à des résultats négatifs ou à peu près, par la raison que la meilleure volonté et les efforts les plus énergiques seront invariablement annulés par la rapacité des mandarins, petits et grands, autant que le système administratif actuel sera en vigueur.

Et puis! les Chinois sont de grands enfants routiniers, que les revers qu'ils ont éprouvés dans leurs luttes avec nous n'ont pas encore convaincus de l'inefficacité de leurs moyens surannés. Toutes les tentatives de progrès viennent inévitablement se briser contre la force de leurs coutumes dont ils ne sortent pas.

Aussi ne suis-je pas étonné en les voyant encore aujourd'hui construire ici, et en vue de l'approche annoncée des rebelles, un grand nombre de prétendues canonnières qui sont trop légères pour porter aucune espèce de canon, et qui ne pourraient qu'être pavoisées d'un tas de bannières de toutes couleurs. Les milliers de brouettes à lances qu'ils établissent aussi en ce moment ne peuvent pas être plus utiles, malgré les résultats superbes qu'on en attend.

Rien de plus ridicule que cet engin de guerre peu ordinaire : c'est une brouette à deux roues assez légèrement construite, devant être poussée par deux ou trois hommes qu'on suppose assez protégés par un carré de quatre pieds de côté, fait de minces planches en sapin, doublé de lames de bambou et planté à l'avant de la machine ; sur cette espèce de paravent est peinte, du côté regardant l'ennemi, qu'elle doit probablement faire mourir de frayeur, une figure de monstre imaginaire, ayant la place de la bouche et des oreilles occupée par trois ouvertures permettant a des tireurs de faire feu derrière ce rempart ambulant ; cinq lances en fer, mal ajustées et sans consistance, sont en outre, fixées tout à fait à l'avant de la brouette, dans le but évident de transpercer tout ce qui ne se sauverait pas assez vite. Ne faut-il pas être Chinois et archi-Chinois pour dépenser de l'argent à fabriquer de pareils joujoux qu'on peut facilement mettre en pièces à coups de canne ? Après tout, comme ce n'est que pour repousser des compatriotes, il est fort possible, qu'à la vue d'engins aussi terribles, les rebelles fuient épouvantés à la première rencontre.

On ne peut espérer aucune amélioration dans l'état déplorable de la Chine, aussi longtemps qu'on n'aura pas mis à la raison les mandarins qui en sont les véritables ennemis. Comme ils ne sont nommés dans les différents postes que pour un temps assez limité , ils n'ont en vue que leur intérêt propre et ne prennent aucun souci de ceux des pays qu'ils administrent, auxquels ils sont , du reste , presque toujours complétement étrangers.

Tous les moyens leur semblent bons pour atteindre leur but : abus de la justice poussé à l'excès, qui fait que le Chinois fuit les tribunaux comme la peste, préférant accepter toute espèce d'arrangement plutôt que d'en appeler à ses juges, même quand il a raison; pressurage du peuple, qui met tous les jours de nombreuses familles dans la misère la plus profonde et fait à chacun une obligation de dissimuler autant que possible le peu qu'il peut avoir; malversation des deniers publics, en arrêtant la plus grande partie entre leurs mains, mettant le gouvernement central dans la plus grande gêne et le privant ainsi du nerf de la guerre

et des moyens d'action que devrait posséder le
gouvernement d'un aussi grand empire; enfin,
oubli de tous les devoirs de leurs charges, dès
l'instant où ils y trouvent leur intérêt. Aussi ne
voit-on que travaux publics interrompus, monuments, canaux, digues, etc., tombant en ruines,
tandis que l'argent qui devrait y être consacré va
gonfler la bourse des officiers provinciaux, en compagnie de celui qui devrait être employé à l'entretien d'un nombre déterminé de troupes, ne figurant
que sur le papier, que les mandarins remplacent
au besoin par des malheureux loués à la journée,
armés tant bien que mal et habillés dans les monts-
de-piété, dans les rares occasions où, devant les
montrer à un supérieur, celui-ci est trop exigeant
au sujet du pot-de-vin nécessaire pour lui faire
fermer les yeux.

Rien d'étonnant qu'avec un pareil système ce
grand pays soit en décadence comme il l'est. Ce
qui, au contraire, surprend davantage à mesure
qu'on le connaît mieux, est qu'il ne soit pas tombé
plus bas, avec de semblables causes de désorganisation, auxquelles viennent se joindre les diverses
rébellions qui lui font le plus grand mal. Le prestige a, jusqu'à présent, soutenu le gouvernement,
mais ce prestige s'en va tous les jours et il faut un

changement radical dans le système qui permette de tuer le mal à la racine, si on veut que ce colosse ne se divise pas bientôt en de nombreuses parties.

XIII

28 janvier.

Je me rembarque sur le *Moyune* en compagnie de deux amis, pour revenir à Shanghaï.

Nous partons à cinq heures du matin et comme nous avons le courant du fleuve pour nous, nous allons naturellement plus vite qu'en remontant à Han-Kow.

La pluie nous prend presque aussitôt après notre départ, et elle est assez dense pour qu'on n'aperçoive plus sur les rives que les nombreuses pagodes ou tours de cinq à onze étages, plus ou moins dégradées par la main du temps, qui s'élèvent près de tous les centres importants.

Nous arrivons à Kiu-Kiang à trois heures; le mauvais temps retarde l'embarquement de quelques marchandises et nous retient à l'ancre toute la nuit.

Kiu-Kiang a pris quelque importance par suite du voisinage des districts produisant le thé vert, et du lac Poyang, dont les tributaires facilitent le placement assez direct des importations faites par ce port.

Les fabriques de porcelaine et de poterie de Kiate-Tchin et de ses environs qui sont tout près du lac Poyang, peuvent contribuer, par la suite, à augmenter l'importance de Kiu-Kiang; cependant je ne crois pas que cette place soit appelée à un grand développement, par la raison que la plus grande partie de la contrée qu'elle pourrait desservir au besoin, peut l'être avec autant de facilité de Shanghaï par les ramifications des canaux intérieurs.

Une petite concession européenne, couverte d'un certain nombre de gentilles maisons, est assez heureusement située entre le fleuve, la ville chinoise et ses faubourgs assez populeux.

29 janvier.

Nous repartons au point du jour avec une pluie battante qui rend l'office de pilote tout autre chose qu'une sinécure.

Nous passons devant Nankin à la tombée de la nuit, et nous ne pouvons en distinguer qu'un amas de ruines, en raison du manque de clarté. D'après ce que les Chinois me disent, je doute que cette ville reprenne jamais une grande importance, sa population ayant été en grande partie anéantie, pendant sa longue occupation par les rebelles, et les Chinois paraissent avoir assez généralement perdu de vue son ancienne splendeur et ses souvenirs historiques, pour ne se rappeler que les fléaux qui l'ont accablée et, pour ainsi dire, réduite à néant.

Nous arrivons au milieu de la nuit à Tchin-Kiang-Fou, où je quitte le *Moyune*, par suite de la détermination que j'ai prise d'allonger encore mon voyage, et, avant de me rendre à Shanghaï

14.

d'aller faire une tournée dans les districts séricicoles du Kiang-Nan et du Tché-Kiang, afin de voir dans quel état se trouve le pays après plus de deux ans de tranquillité, depuis son occupation par les rebelles.

30 janvier.

Un de mes compagnons de voyage à bord du *Moyune* s'étant décidé à faire route avec moi, nous nous mettons, chacun de notre côté, à la recherche d'un bon bateau pour faire notre excursion.

La navigation indigène étant très-considérable par ici, nous avons bientôt trouvé ce qu'il nous faut dans un petit village qui se trouve à l'entrée du grand canal, et ayant fait à la hâte les quelques provisions qui nous sont nécessaires pour la route, nous mettons à la voile au milieu de la journée.

Le vent nous est favorable, et nous filons très-bien pendant le restant du jour et une partie de la nuit, avec notre bateau qui est mâté d'une manière convenable.

Ce bateau est des plus cofortables, du genre connu sous le nom de bateaux des collines, et qui sont spécialement adaptés à des excursions semblables dans l'intérieur; il a les dimensions aussi réduites que possible , afin de ne pas demander un trop fort équipage pour le manœuvrer soit à la voile, soit à la godille, ou le tirer à la cordelle ; mais malgré cela il a encore l'espace suffisant pour contenir une petite cabine à notre usage personnel au centre, un réduit à l'avant pour nos boys, et un autre à l'arrière pour le cuisinier, que nous avons pris à Tchin-Kiang, et les bateliers.

Nous sommes maintenant au milieu de cette vaste et riche plaine d'alluvion, à fleur d'eau, dans laquelle se trouve Shanghaï, Souchow, Kahing, Chang-Chao et autres villes très-importantes et des myriades de villages qui, se touchant pour ainsi dire, en font probablement la contrée la plus habitée du monde entier.

31 janvier.

Nous nous sommes arrêtés pendant la nuit au point de jonction du grand canal avec un canal plus petit conduisant à Tchang-Chao-Fou qui se trouve à une courte distance et que nous allons visiter en nous promenant. Cette ville conserve de douloureuses marques de son occupation successive par les hordes rebelles et impériales; les trois quarts en sont détruits de fond en comble; ses murs, canaux, temples, etc., sont dans l'état le plus pitoyable, et sa population est considérablement réduite.

La plus grande partie des champs a été laissée en friche pendant pas mal de temps dans cette riche contrée, bouleversée de fond en comble par les allées et venues des belligérants; maintenant que le pays est laissé un peu tranquille, on se livre à la culture le plus possible; mais il y a encore des étendues considérables de terrain tout à fait incultes, ce qui prouve que la population a été malheureusement beaucoup trop décimée pendant la durée de la rébellion.

Durant ces quelques années, où la plaine n'a presque pas été cultivée, le gibier a multiplié d'une manière tellement extraordinaire, que les disciples de Saint-Hubert qui habitent les ports ouverts aux Européens ont pu souvent faire des chasses tout aussi abondantes que les mieux réussies de celles qui se font chez nous dans les chasses réservées les plus sévèrement gardées.

Ayant fait provision de munitions avant notre départ, nous ne pouvons résister à la tentation de tirer quelques coups de fusil, et le faisan pullule tellement que nous en faisons un vrai massacre dans un temps très-limité, après quoi une continuation de vent très-favorable nous a bientôt fait parcourir la distance entre Tchang-Chao et Wousih, où nous arrivons à la tombée de la nuit.

1er février.

Wousih est en aussi mauvais état que tout ce que nous avons vu jusqu'à présent. Un quart de la ville a été reconstruit à peu près et le reste est désert; ses murs n'ont pas même été réparés et on y voit de nombreuses brèches et trouées. C'est le centre d'un district séricicole peu important, et on rencontre quelques plantations de mûriers de distance en distance, tandis que le riz et le coton sont les cultures importantes de cette contrée, comme du reste de tout le Kiang-Nan.

Nous repartons dans la matinée, et dans l'après-midi nous traversons Wong-Ding, autrefois village important qui avait une trentaine de mille âmes, quand je l'ai visité la dernière fois avant la rébellion, et qui n'a plus qu'une quarantaine de feux en ce moment.

A huit heures du soir, nous arrivons à Souchow, par une nuit très-obscure et une pluie battante qui nous oblige à rester tranquilles dans notre bateau, mouillé à la porte de Tchang-Men.

2 février.

Dès le point du jour, nous sommes sur pied, et allons à droite et à gauche dans Souchow que jusqu'à la nuit nous parcourons dans tous les sens.

Quelle ruine que cette ville autrefois si prospère !

On a bien commencé à reconstruire quelques quartiers, mais ce n'est rien en comparaison de ce qui reste désert, et je ne crois pas qu'il y ait actuellement plus de cent à deux cent mille habitants dans ce grand centre qui avait dans le temps beaucoup plus d'un million d'âmes. Les faubourgs du sud-ouest, qui fourmillaient de commerçants, sont complétement détruits et on avance librement dans les rues et canaux qui desservent ville et faubourgs dans toutes les directions, tandis que je me souviens qu'il y a une dizaine d'années on ne se frayait un passage qu'avec les plus grandes difficultés, soit par terre, soit par eau.

Du haut de la grande pagode qui se trouve au nord de la ville et dans une position très-centrale, on a un panorama splendide. On ne perd aucun des détails de la ville et de ses nombreux canaux que n'arrêtent pas ses murailles, lesquelles en font une enceinte a peu près carrée; la vue s'étend à l'infini au nord, à l'est et au sud sur cette immense et riche plaine du Kiang-Nan, et à l'ouest découvre le grand lac Tahou dans la plus grande partie de son étendue, ainsi que les nombreuses îles et les montagnes et collines qui l'entourent.

La grande pagode de Souchow, qui est la plus belle que je connaisse, a neuf étages très-élevés, et je m'étonne de la trouver encore en aussi bon état, car l'habitude des rebelles n'était pas de respecter ce genre de monuments. En revanche, la grande bonzerie qui l'entoure n'est guère qu'un amas de décombres.

Souchow était réputée par toute la Chine comme la ville de plaisirs par excellence, et tout Chinois riche, même des provinces les plus éloignées, tenait à y faire au moins une excursion. Cela a bien changé maintenant, et on ne voit plus que quelques vestiges de ces fameux bateaux-fleurs, dorés sur toutes les coutures, si finement sculptés, illuminés de lanternes multicolores et ornés de jeunes et belles musiciennes, qui, chaque soir, circulaient entre les quartiers riches de la ville et la pagode de Hou-Tchéou, ce qui constituait la promenade fashionable, et qui a maintenant été à peu près anéanti par l'incendie et le pillage.

Souchow était aussi une ville industrielle et commerciale de premier ordre, et avec quelques années de tranquillité elle aura bientôt repris son rang à cet égard, car un certain nombre de ses grands négociants s'y sont déjà réinstallés, quelques-uns de ses nombreux métiers à soieries ont été établis de nouveau, et en courant dans les quartiers les plus reculés, je vois pas mal de ces petits ateliers de broderie, pour lesquels cette ville a toujours été renommée.

3 février.

Ayant l'intention de traverser le lac Tahou dans toute son étendue du nord au sud, nous devons revenir sur nos pas pendant une certaine distance. Nous nous remettons en route au jour et pendant plus de deux heures nous ne voyons que maisons détruites, ponts brisés qui sont les restes désolés de ce qui était autrefois de riches faubourgs, et qui étaient restés inaperçus hier en arrivant, en raison de l'obscurité.

Nous remontons le Grand-Canal, qui a là une largeur moyenne de quatre-vingts pieds environ, dont les quais en pierres ont en grande partie disparu, et qui se détériore et s'envase chaque année comme dans tout son parcours à peu près, grâce à l'incurie du gouvernement actuel.

Parmi les nombreux villages qui bordaient ce canal, un certain nombre a disparu complétement, et ce qui reste n'est composé que de quelques masures couvertes généralement en chaume.

Le vent nous est contraire maintenant, et nos bateliers doivent haler notre bateau à la cordelle, ce qui, étant un ouvrage assez lent, fait que nous n'arrivons qu'à la nuit à Wousih, où nous couchons.

4 février.

Quand nous voulons repartir le matin, nous nous apercevons que notre cuisinier, un de nos boys et un batelier sont allés flâner et probablement se griser un brin, sous prétexte de faire des provisions. Ils arrivent enfin après deux heures d'attente; mais autre histoire plus ennuyeuse : nos bateliers refusent d'aller plus loin, lorsque nous leur disons de faire route sur le lac Tahou. Tous les moyens de persuasion sont employés inutilement, et quoiqu'au départ ils aient assuré pouvoir traverser le Tahou, ils déclarent maintenant que cela serait par trop dangereux avec leur bateau, qui, disent-ils, n'est fait que pour la navigation des canaux. Comme ce qu'ils prétendent est un peu vrai, et qu'en somme nous perdrions notre temps à vouloir faire marcher des gens qui sont résolus à ne pas bouger, nous ne voyons autre chose à faire qu'à changer de bateau au plus vite. Nous en trouvons un assez mauvais après quelques recherches et nous nous remettons en route au milieu de la journée.

Le pays entre Wousih et le lac Tahou est charmant, et, soit à cause des difficultés que présentent les nombreux canaux qui le morcèlent, soit que le peu d'importance des villages qui s'y trouvent n'ait pas paru un appas suffisant, toujours est-il qu'il n'a pas été visité par les rebelles et qu'on n'y remarque point de ruines.

Pas un pouce de terrain ne reste improductif, et on peut encore voir là l'aisance qui autrefois était générale dans toute cette partie de la Chine.

La chaîne de montagnes Weishan n'est pas éloignée de notre route à droite et devant nous, et à gauche sont échelonnées de gracieuses collines qui bordent le Tahou. C'est dans ces parages et surtout plus à l'ouest, entre Wousih et Ly-Hong, que se trouvent les nombreuses fabriques qui approvisionnent la moitié de la Chine de ces poteries grossières, mais très-utiles, de toutes les formes et de toutes les dimensions, depuis le simple pot à onguent et le godet faisant fonction de lampe, jusqu'aux vases servant de caisses à eaux et à la baignoire de grandeur démesurée.

A trois heures nous passons la douane d'entrée

du lac après un semblant de visite, et quelques minutes après nous nous trouvons dans une petite partie du Tahou presque entièrement fermée par deux pointes de terre s'avançant à droite et à gauche, et une île au milieu du chenal qui la relie au restant du lac. Quel charmant endroit que cette espèce de baie, presque tout à fait entourée de pittoresques collines, et combien elle serait appréciée si elle était plus à proximité de Shanghaï! Ce serait certainement un peu plus animé que cela est en l'état, et de nombreuses villas ne tarderaient pas à s'y élever tout autour, tandis qu'on n'y voit que quelques petits villages sur les bords, et dans la baie un certain nombre de bateaux en grande partie de pêcheurs, parmi lesquels se distinguent les pêcheurs au cormoran.

Il n'est certainement pas hors de propos de remarquer ici qu'à coup sûr il n'y a pas de pays aussi poissonneux que la Chine, car la moitié à peu près de sa population essaye de la pêche d'une manière ou de l'autre, et le poisson est, après le riz et le froment, l'élément principal de la nourriture du Chinois.

Il n'y a pas d'engin imaginable que les Célestiaux n'aient inventé dans le but de capturer le poisson : à commencer par les filets de toutes les dimensions possibles, fixes ou mobiles, dragués par deux bateaux en mer ou par bateaux d'un côté et hommes à pied de l'autre le long des cours d'eau; les seines, les nombreux carlets qu'on voit à poste fixe sur les deux bords de chaque canal ou rivière ayant un courant prononcé; les pêcheries en bambou si artistement installées de distance en distance dans les canaux, qu'elles coupent d'un bord à l'autre, de manière à ne rien laisser passer; les cormorans qui sont le moyen de pêche le plus destructif; les lignes de fond; les paniers; les nasses de toutes les formes; jusqu'à la ligne ordinaire, dont bon nombre de Chinois usent avec un certain succès.

Il est fort heureux que la disposition de ce pays soit si favorable à la reproduction du poisson, car autrement la guerre qu'on lui fait constamment l'aurait bientôt détruit complétement; mais cela n'est pas à craindre avec les étangs, lacs, canaux et rivières qui se trouvent partout, et avec les précautions prises pour éviter autant que possible la perte de frai et les soins qui sont donnés par les intéressés pour la reproduction dans les endroits où le besoin s'en fait sentir.

Après avoir traversé ladite baie et au moment d'entrer réellement dans le lac, nos bateliers font mine de s'arrêter, sous prétexte de manque de vent; mais comme il ne nous convient nullement de perdre notre temps de la sorte, nous les forçons à continuer, et peu après nous sommes poussés par une brise très-fraîche qui se lève et nous amène une forte pluie, par suite de laquelle nous sommes obligés de nous arrêter vers la nuit sur un point de la côte.

Notre bateau n'est réellement pas confortable, surtout en comparaison de celui que nous avons quitté ce matin et dans lequel nous avions toutes nos aises.

Celui-ci, étant simplement construit pour le transport des marchandises, n'y ressemble en rien; car nous sommes pêle-mêle et mal abrités par quelques nattes qui, en formant le cercle, recouvrent sa partie du milieu, tandis que l'avant et l'arrière restent ouverts à tous vents ainsi qu'à la pluie, les calles à marchandises sur lesquelles nous nous trouvons étant la seule partie complétement à l'abri. Pour la couchée, nous réussissons à nous installer un peu moins mal, en recouvrant de nattes cintrées le bateau dans toute sa longueur, et après un dîner passable que le cuisinier a trouvé moyen de nous faire, nous arrivons à passer une assez bonne nuit, en dépit de la

pluie qui tombe à torrents et du vent qui souffle de
toutes ses forces. Par exemple, quand vient le matin, on doit s'empresser de prendre l'air, par la
raison qu'ayant dû fermer le bateau aussi hermé-
tiquement que possible, les émanations qui s'en
dégagent sont loin d'être des plus délicates.

5 février.

Le lac Tahou est une petite mer, pour ainsi dire,
de quatre-vingts kilomètres de long sur une
soixantaine de large, qui contient plus de trente îles
en grande partie habitées et presque toutes montagneuses. La principale, appelée Tong-Ting, a plus
de cent mille habitants et produit des oranges et des
citrons appréciés, et de plus la meilleure qualité
des soies de Chine, en petites quantités bien entendu.

Dans la partie est de cette île se trouvent des
carrières de granit très-importantes qui sont
activement exploitées. Ce lac est sillonné par un

grand nombre de bateaux trafiquant entre les centres importants qui avoisinent ses bords; quelques-
uns de ces bateaux sont d'un assez fort tonnage;
mais la grande partie sont de simples bateaux de
pêche, dont l'équipage sait très-bien se livrer à la
piraterie à certaines heures. On nous dit qu'il arrive que de tranquilles bateaux marchands sont
arrêtés en plein jour par ces pirates d'eau douce,
mais nous n'avons pas occasion de les voir à
l'œuvre.

Le vent étant assez frais aujourd'hui, les eaux
du lac ne sont pas mal agitées, et nos hommes,
n'osant pas s'aventurer au large, nous font faire
un très-grand détour en suivant la côte est ou
passant entre les divers groupes d'îles, ce qui cause
une perte de temps assez sensible, et, malgré le
vent favorable, fait que nous ne réussissons à sortir
du lac qu'assez tard dans l'après-midi, après avoir
touché pendant un moment à l'île Tong-Ting.

Nous sommes maintenant dans la province du
Tché-Kiang, et la première chose que nous apercevons en entrant dans le canal que nous avons à
suivre est un bureau de douane où on se contente
de nous héler au passage. On a encore multiplié
depuis quelques années ces établissements de
douane, qui cependant étaient déjà trop nombreux

auparavant; cela montre combien les autorités chinoises respectent les traités faits avec les puissances étrangères, et combien nos représentants, qui sont si sévères envers leurs nationaux au sujet desdits traités, savent peu les faire exécuter par messieurs les Chinois : car ces nombreux bureaux de douane, outre le but de pressurer directement l'indigène, ont encore et surtout celui de faire payer surtaxes après surtaxes aux marchandises européennes allant dans l'intérieur, lesquelles, d'après les traités, devraient pouvoir être transportées sur n'importe quel point de l'intérieur après le payement d'un simple droit de transit équivalant à la moitié de celui d'importation. On ne tente de nous arrêter qu'aux plus importants de ces établissements, et, quant aux autres, on se borne généralement à nous regarder passer sans rien dire.

Comme il est très-tard quand nous arrivons à Houchow, nous renvoyons à demain les recherches d'un bateau convenable, et en attendant nous devons encore passer la nuit dans celui que nous avons, et où nous ne pouvons fermer l'œil par suite d'un concert des plus énervants que nous donnent de nombreux chiens errants qui aboient sans répit jusqu'au jour.

Houchow est admirablement situé, à une petite distance du Tahou et au milieu d'un pays d'une très-grande richesse; cette ville est entourée aux trois quarts de montagnes et collines, et desservie par de nombreux canaux la reliant de tous côtés avec les grands centres environnants. Elle a aussi beaucoup souffert du passage des rebelles, mais cependant moins que les autres villes de son importance, car la moitié de ses maisons sont encore debout. Ses faubourgs, qui, comme dans toutes les villes chinoises, étaient la partie commerçante et le quartier riche, sont complétement saccagés.

Une pagode qui se trouve dans la ville et deux autres situées sur les collines avoisinantes sont en très-mauvais état et dépourvues à peu près complétement de leurs ornements et idoles, détruits par les rebelles.

Houchow est le centre d'un district séricicole très-important, et la fabrication de la soierie y est très-développée; presque chaque maison de son quartier nord contient un ou plusieurs métiers qui, depuis quelque temps, recommencent à travailler activement. Pendant la saison on voit ici un grand nombre de paysans qui viennent vendre leur soie, toujours en très-petites quantités, car il est rare de rencontrer un individu avec plus de deux ou trois kilogrammes à la fois.

Les acheteurs y sont très-nombreux, et quelques-uns opèrent pour la fabrication indigène, pendant que le plus grand nombre achète pour le compte de grands marchands qui forment des balles et des parties des soies destinées à être expédiées à Shanghaï pour l'exportation.

Le moulinage des soies dans cette partie de la Chine n'est pas une spécialité, à moins que ce ne soit pour les ouvrées, destinées à être exportées à Canton, ou à l'étranger. Le plus souvent le fabricant, soit pour son compte, soit pour celui de tiers, reçoit la soie en grége et la dévide et ouvre à sa fantaisie, et suivant l'usage qu'il veut en faire. L'outillage pour ces différentes manipulations est des plus simples; pour le dévidage, des tours et bobines en bambou aussi légers que possible suffisent, et quant au tors, le procédé primitif employé demande à être décrit. L'ouvrier commence par réunir le nombre de brins de soie désiré, de deux à cinq, suivant l'emploi; ensuite et après les avoir mouillés à fond, il déploie ces fils sur des supports en bambou disposés en plein air à cet effet et sur la longueur voulue pour former une flotte, en faisant revenir chaque bout à son point de départ pour sa plus grande commodité; après cela, il attache à chaque extrémité des bouts une boule en cuivre munie d'une tige de fer; puis il saisit cette tige entre deux lames en bois garnies de cuir et lui donne un mouvement de rotation très-précipité qui se communique au fil de soie dans toute sa longueur, mais assez irrégulièrement, par exemple, et il continue ainsi jusqu'à ce qu'il juge le tors suffisant. Il dispose alors sa soie en flottes toutes prêtes pour faire la chaîne, ou bien il l'enroule sur des bobines si c'est à faire de la trame que la soie est destinée, et elle passe immédiatement sur le métier.

7 février.

Dans nos courses d'hier nous n'avons pas pu trouver le genre de bateau que nous désirions, et avons dû nous résigner à en prendre un de dimensions assez mesquines pour que nous ayons peine à nous y loger, et d'une légèreté et d'un manque de stabilité tels, qu'aussitôt en route ce matin nous nous apercevons que nous devons nous tenir dans une immobilité à peu près complète sous peine de chavirer.

Cela n'est guère récréatif, mais comme il n'y a pas moyen de faire autrement, nous sommes obligés de nous contenter de cette coquille de noix jusqu'à la première ville, où nous espérons trouver mieux.

Peu de temps après avoir quitté Houchow, nous touchons au district de Nan-Zing, et dans l'après-midi nous traversons celui de Tson-Ling, les deux plus importants districts séricicoles de Chine.

Les villages que nous traversons sont très-nombreux, n'ont pas été trop ravagés par les rebelles, et ont en grande partie conservé leur apparence prospère.

La partie du Tché-Kiang comprise entre Houchow, Hanchow et Kashing, qui est la contrée séricicole par excellence, était sans contredit ce qu'il y avait de plus riche en Chine, et tend à se relever vite de ses pertes éprouvées pendant la rébellion. Aucun pays au monde n'est canalisé comme celui-là, car je ne pense pas que dans toute cette région il y ait un champ qui ne soit pas accessible en bateau;

aussi les facilités de communication et de transport sont-elles des plus grandes.

Le terrain, tout à fait d'alluvion, est d'une fertilité remarquable, et pas un pouce n'en est laissé inoccupé; le sol étant très-bas, les parties au centre des îlots formés par les canaux ont été creusées pour élever les bords, sur lesquels se trouvent les plantations de mûriers, dont les racines n'arrivent pas à l'eau de cette manière; les parties basses au centre sont cultivées en rizières, champs de nénuphars, etc. Quant à l'eau, qui, soit en marais, étangs ou canaux, occupe presque la moitié de la surface de cette contrée, rien n'y est perdu non plus, et tout ce qui n'est pas indispensable aux communications est abondamment couvert de plantes de lings ou de châtaignes d'eau, qui sont retenues par des tresses de roseaux arrêtées à des pieux en bambous de distance en distance; lesquels pieux sont disposés de manière à laisser libre le chenal nécessaire à la circulation des bateaux. Il arrive parfois que ces tresses ou cordes de roseaux, qui ne sont pas très-solides, viennent à se rompre, et les châtaignes d'eau vont alors se promener avec le courant; mais ce n'est qu'une petite perte, relativement à l'abondante récolte que produisent ces surfaces liquides bien aménagées.

Nous retrouvons le Grand-Canal dans l'après-midi, et, grâce à un vent assez favorable, nous allons assez bien pour arriver à Hanchow-Fou au milieu de la nuit.

8 février.

Malgré une pluie torrentielle, nous nous empressons de sortir et de parcourir la ville dans tous les sens, d'abord sur les remparts et ensuite par les rues.

Quelle désolation que ce malheureux Hanchow, autrefois si florissant, et qui a été un moment la capitale de l'empire! C'est certainement la ville qui a le plus souffert des troubles intérieurs de la Chine, et ce que j'ai vu de plus triste jusqu'à présent.

Un faubourg d'une étendue de cinq kilomètres longeant le Grand-Canal qui se termine là, lequel faubourg était des plus riches et des plus actifs, n'est plus maintenant qu'un amas de décombres; dans la ville, il n'y a plus debout qu'un petit quartier au centre. Il faut que le besoin de détruire ait été poussé bien loin chez ces barbares, car cela leur a coûté un travail considérable; quant à la population, elle a dû être presque complétement anéantie, car depuis le temps que le pays est tranquille elle serait certainement revenue sur le sol natal, s'il en était autrement. On a bien essayé de reconstruire quelques maisons, mais qu'est-ce que c'est que cela au milieu de cette cité immense, détruite maintenant, qui ressemble à une nécropole!

Dans l'atome de quartier encore debout, on voit quelques spécimens de l'industrie particulière à Hanchow: des fabriques de coutelleries, d'éventails, de laques rouges et brunes, et assez laides par parenthèse, quelques boutiques de crépons qui offrent la particularité de la fabrication et de la vente en détail dans le même local, deux métiers en mouvement étant généralement côte à côte de l'étalage de leurs produits. A la suite de ce quartier se trouvent de nombreuses casernes qui paraissent avoir été construites pendant l'occupation par le corps franco-chinois, après la reprise de la ville sur les rebelles et lesquelles sont maintenant à peu près inoccupées.

Chose surprenante, des rangées de temples et

bonzeries qui couvrent deux des collines situées
dans l'enceinte de Hanchow sont restées en assez
bon état et continuent à être un lieu de pèlerinage
très-fréquenté.

Le lac historique Si-Hou, immédiatement en
dehors des murs de la ville, est toujours aussi
pittoresque que par le passé, mais il y a longtemps qu'il n'est plus couvert de bateaux de
plaisance et fréquenté par les riches oisifs. Les
deux pagodes qui sont au bord de ce lac, à droite
et à gauche, sont de plus en plus en décrépitude,
et la chaussée qui le traverse et qui conduisait à
de riches pavillons, maintenant détruits, aura bientôt disparu.

Nous rentrons à la nuit mouillés comme des rats
d'eau et nous trouvons un bateau dans le genre de
celui que nous avions en premier lieu, ce dont nous
sommes très-satisfaits, en dépit de la manière dont
nous sommes écorchés par nos nouveaux bateliers,
qui ne nous étonnent nullement en agissant d'après
la coutume chinoise, qui est d'exploiter le mieux
possible les malheureux placés dans l'alternative
où nous nous trouvons.

Nous nous installons au plus vite dans l'intention
de partir le soir même, mais l'Européen propose
et..... le Chinois dispose, car nos bateliers s'étant

mis dans la tête de ne pas marcher la nuit, trouvent toutes sortes de mauvaises raisons et finissent
par s'empêtrer au milieu d'autres bateaux d'où il
est impossible de sortir avec l'obscurité.

9 février.

Partis au point du jour avec un vent contraire
qui nous oblige à aller à la cordelle, et, par conséquent, ne nous permet pas de faire beaucoup de
chemin pendant la plus grande partie de la journée.

Notre bateau roule d'une manière désordonnée
et nous devons le faire lester à un endroit appelé
Won-len-Den, où se trouve un très-beau fort construit en pierres et briques, et qui a dû être occupé
par une des parties belligérantes, car on y voit
encore les traces de nombreuses trappes qui avaient
été pratiquées tout autour.

Nous continuons à suivre le Grand-Canal, sur
lequel les beaux ponts qui se trouvaient dans le
temps sont, quelques-uns détruits, et les autres en

plus ou moins mauvais état. On essaye cependant de quelques réparations à peu près partout sur notre route; de nombreux villages qui avaient été partiellement saccagés se relèvent petit à petit, et la ville de Shih-Mien-Shien surtout, que nous traversons dans l'après-midi et qui avait été presque complétement démolie est de nouveau reconstruite dans son entier, ainsi que son enceinte de murailles remises, à neuf.

Le temps s'étant remis au beau et le vent dans la bonne direction, nos bateliers s'étaient à peu près décidés à poursuivre leur route pendant la nuit, quand nous sommes arrêtés à Sainoway par des canonnières qui, sous prétexte de faire la police des canaux et de prévenir la piraterie, empêchent toute espèce de trafic à partir du coucher du soleil.

Sur notre insistance, des barrières mobiles qui ferment le canal à l'entrée dudit village nous sont bientôt ouvertes, mais nos vilains bateliers sont trop heureux de la circonstance et des prétendus dangers à courir qu'ils peuvent mettre en avant pour qu'il soit possible de les faire pousser plus loin aujourd'hui, et nous devons passer la nuit près d'une espèce de corps-de-garde d'où sont tirés des coups de canon toutes les demi-heures et de nombreux coups de fusil, à poudre, dans le but de prévenir les maraudeurs que l'endroit est gardé.

Bien entendu qu'avec un pareil vacarme nous ne pouvons fermer l'œil, et que nous maudissons d'autant plus la paresse de nos gens.

10 février.

En route au jour, et bientôt après nous quittons le Grand-Canal, que nous ne devons plus revoir.

Nous passons ensuite quelques heures à Kahing-Fou, qu'on commence aussi à réparer un peu et qui en avait bien besoin, car je me souviens de l'avoir vue réduite à une population de deux ou trois mille mendiants, en dehors des quelques troupes rebelles qui l'occupaient et qui l'avaient tellement mise en bon état qu'elles avaient été réduites à élever des cabanes en roseaux pour s'abriter, tandis que quelques années auparavant et pendant sa prospérité, il y avait plus d'un million d'âmes rassemblés dans cette ville riche, dont les faubourgs surtout jouissaient d'une activité commerciale des plus remarquables.

Nous marchons très-bien pendant la journée et une partie de la nuit, et comme cette fois nous ne sommes pas arrêtés, nous continuons notre route à la lueur des innombrables fours à briques qui se trouvent dans la plaine, et qui, étant alimentés par de la paille de riz, feraient croire à un incendie sans bornes.

11 février.

Nous sommes maintenant dans la région des petits lacs, qui se succèdent les uns aux autres jusqu'au moment où nous entrons dans le Wham-Pou vers le milieu de la journée.

A mesure que nous avançons, nous croisons des bateaux en quantité qui annoncent l'approche d'un grand centre commercial, et vers la nuit nous mouillons enfin devant le quai de Shanghaï.

Je m'empresse de descendre à terre et de me

rendre à mon vieux *Taechang*, où je suis reçu à bras ouverts, quoique les affaires de cet établissement ne me regardent plus, et j'y suis bientôt aussi bien installé que si je ne l'avais pas quitté.

XIV

Shanghaï ne ressemble plus du tout à ce que
cette ville était quand je l'ai quittée, il y a près de
trois ans, et je serais grandement désappointé si
j'étais de nouveau dans l'obligation d'en faire ma
résidence.

D'abord un grand nombre de mes amis
en sont partis, et ceux qui y sont encore n'ont
pas conservé entre eux les relations intimes
qui rendaient le séjour de cette ville supportable.

Plusieurs causes ont divisé les résidents européens

en de petites coteries se jalousant réciproquement,
et cela est d'autant plus regrettable, qu'en agissant ainsi on se prive des avantages de la communauté, et que la population européenne se trouve,
par ce fait, sans cohésion aucune, au milieu
d'une population indigène très-considérable, avec
laquelle il n'a pu être établi aucune relation
intime.

A l'origine et jusqu'à ces deux ou trois dernières
années seulement, les nationalités, les intérêts particuliers n'étaient pas considérés comme des sujets
de division; au contraire, on s'entendait parfaitement, et Shanghaï était réputé à juste titre comme
une petite colonie modèle; mais malheureusement
les idées ont changé et on y est arrivé à un point
tel qu'on y a tous les désagréments d'un grand
centre sans en avoir les avantages: chacun tire de
son côté, et on a grand'peine à réunir une douzaine
de personnes ayant à peu près les mêmes vues,
tandis que, sous tous les rapports, on devrait se faire
un devoir de rester aussi unis que possible, surtout
quand on considère la manière dont les Chinois
s'entendent entre eux dans leurs luttes d'intérêt
avec nous, où nous leur faisons par trop beau jeu
avec notre désunion.

Ce qui est triste à dire, c'est que la petite

communauté française qui, dans le temps, était remarquablement unie, est, en ce moment, encore plus divisée que l'ensemble de la population européenne; cela vient surtout des discussions soulevées par les regrettables luttes consulaires et municipales qui ont dernièrement eu lieu sur cette concession, et au sujet desquelles chacun s'est trop malheureusement rangé d'un côté ou de l'autre, avec une partialité qui aurait certainement dû être évitée.

En somme, Shanghaï est devenu un séjour rien moins qu'agréable, surtout en raison de la désunion qui existe entre les résidents européens.

Quant aux conditions sanitaires, elles sont restées les mêmes à peu de chose près, malgré tous les travaux d'embellissement et d'assainissement qu'on a faits.

Le climat qu'on ne peut changer, la proximité de la rivière Whampou, les nombreux canaux qui sillonnent le pays, qu'on ne peut guère débarrasser des ordures dont ils sont toujours remplis, et le peu d'élévation du sol, inondé à chaque grande marée, seront toujours des causes d'épidémies régulières qu'on peut combattre mais non pas vaincre complétement, surtout avec la saleté

proverbiale des Chinois au milieu desquels on vit,
pour ainsi dire.

Une des choses les moins gaies qu'on remarque
en arrivant à Shanghaï, est l'aspect désert des
rues, comparativement à ce qu'il en était il y
a deux ou trois ans; ainsi, maintenant on peut
librement circuler en voiture dans certaines rues
où, dans le temps, il était difficile de se frayer passage à pied ou à cheval, et je me souviens entre
autres des Malou et North-Street, sur la concession
anglaise, et rues du Nord et du Consulat, sur la concession française, où, à certains moments de la
journée, on n'arrivait à se faire jour qu'en écartant
les Chinois à droite et à gauche à grand renfort
de coudes et de cannes, tandis qu'en ce moment on
n'éprouve aucune difficulté à sillonner ces rues dans
tous les sens et à tout moment du jour et de la
nuit.

Cette diminution de la population chinoise, surtout remarquable dans les concessions européennes,
est due en grande partie à la pacification du pays
et à l'éloignement des rebelles, mais elle doit aussi
être attribuée à l'incurie des municipalités et des
consulats qui laissent les mandarins s'ingérer beaucoup trop dans les affaires des concessions, ce dont ces
mandarins usent et abusent de manière à rendre le

séjour des Chinois sur les concessions vexatoire et onéreux, et ce qui fait que, tous les jours, de braves Célestiaux se voient, contre leur gré, obligés de nous quitter pour aller, soit dans la ville chinoise, soit dans l'intérieur, et d'abandonner des propriétés qui, devenant improductives, sont la ruine de bon nombre d'Européens qui croyaient jusqu'alors avoir une fortune parfaitement assise.

La population européenne a bien aussi un peu diminué depuis deux ans; mais comme cette diminution ne peut guère être estimée à plus d'un dixième, elle n'est rien en comparaison de celle de la population chinoise, qui était, il y a peu de temps, de seize cent mille âmes au moins, et qui n'est pas d'un million en ce moment, en y comprenant le ban et l'arrière-ban de la ville chinoise murée, de ses faubourgs et des concessions anglaise, française et américaine.

Le résultat naturel de cette émigration est qu'il n'y a plus sur les concessions que les quartiers considérés comme très-bons, tels que le long de la rivière et des canaux du Yang-King-Pang, de Souchow, etc., qui soient habités, et que tout le reste est plus ou moins désert, surtout l'arrière des concessions, où bon nombre de maisons tombent en ruines.

16.

On comprend que, par un pareil état de choses, la rage de construction qui existait à Shanghaï soit passée, au moins pour ce qui a rapport aux habitations chinoises.

Quant aux maisons européennes, cette manie de la brique et du mortier est bien tombée un peu, mais pas complétement cependant, car, dans mes promenades, je remarque un bon nombre d'habitations nouvelles et même quelques-unes en cours d'érection.

Ce qui contribue aussi beaucoup à l'air de tristesse actuel de Shanghaï, est l'état réellement très-mauvais dans lequel se trouvent les affaires de ce pays-ci depuis beaucoup de temps.

La manière dont les opérations en thés et soies (principaux articles d'exportation) ont été surfaites depuis pas mal d'années, la baisse subite sur les cotons après la paix d'Amérique, et surtout les embarras financiers du moment en Europe, ont causé une débâcle générale qui s'est principalement fait sentir ici, où plusieurs établissements de banque, quelques grandes maisons et beaucoup d'autres de deuxième et de troisième ordres ont été obligées de faire faillite ou de liquider leurs affaires.

Cela a naturellement jeté un grand froid sur

toute espèce d'opérations devenues, d'autant plus difficiles que même les maisons de tout premier ordre qui, autrefois, étaient considérées comme inébranlables, sont maintenant devenues suspectes, et qu'Européens et Chinois ne se dessaisissent plus de leurs marchandises avant d'en avoir la couverture assurée à l'avance.

Il résulte de cet état de choses une inactivité momentanée qui, ne permettant pas de compenser les frais énormes inhérents à la place, ajoute de nouvelles pertes à celles très-grandes déjà faites par commerce européen surtout, et fait qu'on ne rencontre que de longues figures désolées qui ont peine à voir.

Quelques pessimistes, qui ne voient que e présent, commencent à douter de l'avenir et seraient assez disposés à jeter le manche après la cognée; quant à moi, je suis loin de voir les choses aussi en noir, et je crois que le temps n'est pas très-éloigné où le Shanghaï commercial redeviendra ce qu'il était il y a quelques années.

Les mesures de prudence qu'on a été amené à prendre après les désastres passés ont déjà éloigné de la lice un bon nombre de faiseurs, qui étaient la cause de la manière aventureuse

dont les affaires étaient traitées depuis quelques
années.

Ces mesures ayant produit un bon effet, on les
conservera, et, la cause disparaissant, le mal sera
bientôt détruit, de sorte qu'avant longtemps le
commerce européen de Chine et de Shanghaï
surtout sera, comme autrefois, exclusivement entre
des mains sérieuses, qui le conduiront comme
dans le bon vieux temps, et n'en feront plus le
jeu aventureux qu'il a été pendant ces dernières
années.

L'ouverture des ports intérieurs dans le Yang-
tze-Kiang, qui préoccupe beaucoup de personnes,
me paraît être une des conditions de succès
pour l'avenir de Shanghaï, quoi qu'on en
dise.

Il est vrai qu'une certaine quantité de produits
chinois sont achetés dans ces ports et en sortent sans
presque toucher à Shanghaï, comme aussi bon
nombre d'articles européens y sont vendus directement ; mais cela ne constitue pas un déficit réel pour
Shanghaï, et ce qui s'est passé depuis l'ouverture de ces ports en est une preuve qui deviendra
d'autant plus évidente qu'ils seront plus pratiqués.

En effet, quoi qu'il arrive, Shanghaï conservera le

placement de ses importations et l'achat des articles d'exportation pour le rayon à peu près intact qu'il a desservi jusqu'à présent, et s'il perd les affaires relativement minimes qui avaient pour but les provinces entourant les nouveaux ports, il se rattrapera au centuple par ce que lui amèneront nécessairement ces ports eux-mêmes qui, se trouvant au cœur de la Chine, s'adresseront plus directement à une consommation et à une production chaque jour plus considérables, ce dont Shanghaï profitera assurément; car sa position exceptionnelle, son organisation commerciale modèle, ses établissements de crédit, ses journaux locaux, ses docks, sa flotte de bateaux à vapeur, ses ateliers de construction de navires, machines, etc., en font le centre inévitable vers lequel viendront toujours rayonner les affaires de la plus grande partie de la Chine, surtout avec l'impossibilité reconnue de l'établissement d'un autre port sur le littoral pouvant lui faire concurrence.

La propriété foncière qui touche au vif à la prospérité de Shanghaï, en raison des capitaux énormes que les Européens y ont consacrés, ne tardera pas, non plus, à sortir de la situation ruineuse dans laquelle elle se trouve actuellement. Les affaires reprenant leur état à peu près normal, les loyers des établissements européens rattraperont vite des taux raisonnables, sans cependant revenir à ces prix excessifs auxquels on s'était malheureusement trop vite habitué.

Quant aux constructions et terrains qui , sur les concessions , ont été affectés à l'occupation des Chinois, l'abandon dont ils sont l'objet paraît être arrivé à sa fin, et, s'il faut s'en rapporter à l'opinion émise par plusieurs députations de Chinois influents qui sont venus me rendre visite depuis mon arrivée, le temps n'est pas éloigné où la population indigène affluera de nouveau dans les habitations bien placées et où la valeur des propriétés ne sera plus illusoire, comme en ce moment, et rattrapera, au contraire, ce sur quoi on est raisonnablement en droit de compter ; mais pour les quartiers bien situés seulement, car il faut bien que les spéculateurs effrénés qui ne voyaient pas de limites possibles à l'extension de Shanghaï, fassent leur deuil de leurs espérances insensées et finissent par reconnaître que les constructions ne peuvent pas s'étendre indéfiniment et que les terrains trop éloignés n'ont jamais eu la valeur qu'ils leur avaient follement attribuée.

Le grand commerce chinois a relativement peu souffert de la crise actuelle, et paraît, au contraire, avoir profité en partie des fautes commises par le commerce européen, qui en avait fait son tributaire pour beaucoup d'affaires locales et dont il a réussi à s'affranchir partiellement. Par contre, le petit commerce indigène est depuis longtemps dans une gêne qui a aussi contribué à la désertion des concessions, en ce qu'il ne pouvait payer que difficilement les loyers, qui y sont relativement plus cher que dans les faubourgs chinois.

Cette situation tout à fait anormale ne pouvant tarder à s'améliorer, on verra bientôt ce petit commerce et ses nombreuses ramifications revenir s'appuyer sur le voisinage européen et exploiter le champ qui lui a été si fertile par le passé et qui ne peut manquer de l'être tout autant dans l'avenir, au fur et à mesure que l'intérêt bien compris des Européens obligera consuls et municipalités à prêter un peu plus d'attention aux manœuvres occultes des autorités chinoises, qui seront vite déjouées aussitôt que le danger en aura été bien reconnu.

En somme, il n'y a nullement à désespérer de l'avenir de Shanghaï, car malgré toutes les pertes éprouvées par cette importante place de commerce, elle ne montre pas le moindre signe de décadence :

il y a un moment d'arrêt qui se fait sentir d'une manière très-pénible, il est vrai, mais la crise qui dure depuis longtemps n'est qu'une cruelle épreuve dont on profitera aussitôt que les indices précurseurs de sa prochaine terminaison seront devenus une réalité.

Du reste, il est nécessaire d'être initié, comme je le suis, aux secrets de la situation actuelle pour s'en rendre compte ; car tout nouvel arrivé est presque aussi frappé maintenant qu'il y a deux ou trois ans de l'activité extraordinaire, des dehors de prospérité et de l'importance qui font de Shanghaï un des premiers points européens, si ce n'est pas le centre commercial le plus considérable à l'est du cap de Bonne-Espérance.

Rien n'est plus remarquable que le développement extraordinaire de Shanghaï depuis ma première venue en Chine en 1853-1854. Ce port a été ouvert au commerce européen en 1845, et ses progrès ont été assez lents pendant les premières années pour qu'à mon arrivée je n'y aie trouvé qu'une population indigène à peu près stationnaire de cent cinquante à deux cent mille âmes, et une population européenne de deux cent cinquante à trois cents âmes seulement; cette dernière, éparpillée sur le territoire connu sous le nom de concession européenne qui était à peu près désert à cette époque, puisque les indigènes étaient presque tous dans la ville chinoise et ses faubourgs; de plus, le port n'était alors fréquenté que par un nombre assez restreint de navires à voiles, et il n'y avait qu'un seul vapeur connu, le *Lady-Mary-Wood* qui faisait mensuellement le service entre Hong-Kong et Shanghaï.

Les quais, docks, rues et autres travaux d'utilité publique étaient, quelques-uns à l'état d'embryon, et la grande majorité pas même à l'état de projet.

Maintenant, quel changement! et combien les Chinois devraient admirer l'activité européenne, s'ils étaient susceptibles de s'étonner de quelque chose : les concessions sont littéralement couvertes de constructions et forment chacune une ville distincte avec son quartier chinois à l'arrière et son quartier européen se déployant gracieusement le long de la rivière et au milieu duquel se distinguent plusieurs établissements particuliers qui sont de vrais palais, et quelques monuments publics remarquables. De nombreuses rues bien entretenues coupent en tous sens ces concessions, qui sont aussi bordées par de magnifiques quais longeant la rivière, et les divers canaux se reliant

entre eux et sont d'importants moyens de communication constamment couverts de bateaux de toutes
sortes.

Un système de drainage bien entendu a fait
faire quelques progrès à l'assainissement de la
ville et facilite l'écoulement des eaux autant que
le permet le peu d'élévation du sol, qui est parfois
couvert par les grandes marées.

Un grand nombre de ponts ont été jetés sur
les différents canaux dans l'axe de chaque rue et
relient parfaitement les trois concessions, la cité et
les faubourgs chinois.

Enfin de nombreux travaux de tous genres attes-
tent à chaque pas que l'édilité n'a pas été oisive un
seul instant, et qu'elle continue activement l'œuvre
ardue que lui ont imposée les difficultés de la position et les besoins d'une ville naissante où tout
était à créer.

Ces travaux d'intérêt public n'ont pas été bornés
à l'intérieur des concessions, et on ne peut s'empêcher d'admirer le superbe champ de courses où
des chevaux de grande valeur se disputent deux
fois l'an les prix de courses jouissant déjà d'une
grande renommée, tout comme les belles routes
carrossables qui vont jusqu'à dix et douze kilomètres dans l'intérieur du pays et dans la direction de

Wou-Song au nord, de Bubbling-Well et du canal de Souchow à l'ouest, de Zikawei et de Ton-ka-Dou au sud, et dont l'ensemble est assez remarquable pour que l'exemple ait un peu déteint sur les Chinois qui, sortant de leur apathie ordinaire, ont pris l'étonnante détermination d'élargir quelques rues dans leur cité murée, et de continuer le quai le long de la rivière, en lui donnant une largeur convenable, depuis la concession française jusqu'à la jonction de la route de Ton-ka-Dou, c'est-à-dire sur une longueur de deux à trois kilomètres.

En dehors de ces différents travaux qui touchent plus ou moins à l'utilité publique, l'entreprise particulière a produit de vrais miracles en trois ou quatre ans.

Ainsi des docks ont été établis en différents endroits, où les navires de grandes dimensions peuvent être réparés; des ateliers de construction de batiments et même de machines à vapeur ont poussé comme par enchantement, et on voit sortir de leurs chantiers des voiliers et des bateaux à vapeur de presque tous tonnages; les quais sont garnis de ponts fixes et volants permettant aux navires de venir s'y amarrer pour opérer leur chargement et déchargement; enfin des ma-

gasins innombrables et de toutes dimensions ont
été construits sur les deux rives et surtout sur la
concession américaine, de manière à recevoir faci-
lément la masse énorme de marchandises de toutes
sortes apportée ou emportée par le nombre toujours croissant de navires à voiles et à vapeur
qui visitent le port de Shanghaï et dont une certaine partie lui appartient; entre autres une petite flottille de bateaux à vapeur de toutes dimensions spécialement affectée à la navigation du
Yang-tze-Kiang et à celle du Japon et des ports de la
côte de Chine.

On comprend qu'avec de pareils éléments l'activité doit être très-grande dans ce port qui peut
recevoir un nombre illimité de navires de presque toutes grandeurs, puisque l'ancrage peut
avoir au besoin une longueur presque illimitée
sur une largeur de près d'un kilomètre, dans une
rivière très-profonde et on ne peut mieux abritée.

Les nombreuses jonques chinoises qui entrent
et sortent à chaque instant, et dont le mouil-
lage, en comprenant toujours des milliers, se
trouve devant les faubourgs chinois, ne contri-
buent pas peu à cette activité qui est encore

augmentée par les nombreux remorqueurs, les innombrables chalands, sampans, canots et autres bateaux qui sillonnent ce port dans tous les sens.

XV

Avril, 1870.

Depuis que ce qui précède a été écrit , j'ai fait un nouveau séjour de quelques mois en Chine, pendant le cours d'un récent voyage autour du monde.

J'ai été heureux de constater dans les ports ouverts aux étrangers une amélioration sensible qui se traduit par une satisfaction marquée, aussi bien chez les Chinois que chez les Européens. On ne voit

plus cet aspect de tristesse qui m'avait si douloureusement frappé pendant mon voyage précé-
dent.

D'immenses pertes ont été faites, de grandes fortunes se sont écroulées, mais la crise épouvantable
qui, surtout, a pesé sur les affaires de Chine pendant
si longtemps, est enfin terminée, et tout à présent
annonce des jours meilleurs ; on a passé l'éponge
sur les nombreux déboires, sur les fautes et folies
des temps faciles où l'on ne doutait de rien, et, tout
en en conservant le souvenir comme exemple pour le
futur, on a recommencé à travailler sur de nouvelles
bases avec un entrain qui augure bien pour l'a-
venir.

On sent bien qu'il n'y a plus à attendre les bénéfices
faciles qui se faisaient dans la période de remarquable prospérité qui a marqué le commerce de
Chine, il y a six ou sept ans; mais on voit avec juste
raison des affaires très-profitables à faire, surtout
avec un peu plus d'ordre et d'économie que ce qui
se passait auparavant.

D'autre part la vie matérielle s'est beaucoup amé-
liorée pour les Européens, tout en devenant moins
dispendieuse, et je ne serais pas étonné si, d'ici à
peu d'années, certaines personnes pensaient sérieu-

sement à se fixer en Chine d'une manière définitive et sans idée de retour en Europe.

A Shanghaï, où la question de la propriété étrangère est des plus importantes, les immeubles, qui avaient été si dépréciés, reprennent un peu de leur valeur, surtout pour ceux qui sont relativement bien situés. Les loyers se sont aussi améliorés, sans qu'il soit question des taux excessifs qu'ils avaient atteint; de sorte qu'ils sont maintenant raisonnables pour le locataire, tout en étant rémunérateurs pour le propriétaire. Les concessions sont relativement bien administrées, entretenues économiquement, et les dettes qui avaient été si facilement faites à leur sujet se comblent petit à petit, à tel point qu'on espère pouvoir bientôt diminuer les taxes, qui sont malheureusement assez fortes pour le moment. Les Chinois que la cherté des loyers et quelques injustices criantes avaient éloignés des concessions y sont revenus et s'y installent d'une manière plus stable que jamais, maintenant qu'ils peuvent à peu près compter sur une protection intelligente et qu'ils reconnaissent qu'ils ne sont plus sujets à être traités d'une manière par trop arbitraire. Bref, une ère nouvelle a commencé, laquelle promet des résultats satisfaisants et doit amener une augmentation régulière dans la population, sur une petite échelle pour la partie européenne, mais dans des proportions considérables pour la partie chinoise.

Au point de vue politique, la situation ne se présente pas sous un aussi bon aspect, tant s'en faut: l'attitude prise par le gouvernement chinois pendant ces dernières années préoccupe fortement tous les esprits qui s'intéressent aux affaires de Chine et ne laisse pas que de leur causer de sérieuses inquiétudes, qu'une petite excursion rétrospective pourra faire saisir.

Depuis que des relations ont été établies entre l'Europe et la Chine, les mandarins se sont toujours opposés de la manière la plus systématique à toute influence européenne dans l'empire du Milieu, et ce n'est qu'après un espace de temps considérable et d'énormes sacrifices de toutes natures que, par suite de la guerre de 1842, leur exclusivisme a enfin commencé à céder graduellement. Quoique très-lents, les résultats n'avaient pas moins été très-satisfaisants à partir de cette époque; le commerce se développait graduellement et promettait une expansion illimitée, d'où seraient résultés des avantages considérables pour les uns et les autres, grâce à la ferme politique qu'on suivait alors, de manière à déjouer les tentatives toujours faites avec persistance par les Chinois pour éluder les obligations que leur imposent les traités, quand des actes de perfidie remarquable de la part du gouvernement chinois amenèrent les événements de 1857 et 1859, qui coupèrent court à cette brillante perspective.

Vint ensuite le traité de Tientsin, qui, tout défectueux qu'il était en certaines parties, n'aurait pas moins laissé un champ considérable aux affaires; tout en conduisant à une amélioration sensible dans les conditions sociales et politiques du pays, s'il avait été fidèlement observé par les Chinois.

Malheureusement on ne prêta aucune attention à quelques-uns des articles les plus importants de ce traité, tandis que d'autres furent mis de côté avec le plus grand soin. Aussi longtemps que l'effet de la marche de nos troupes sur Pékin est resté présent à l'esprit du conseil de régence de l'empire, les termes du traité n'ont pas été complétement perdus de vue, et il s'est encore fait un certain progrès; mais à mesure que ce souvenir s'est effacé et que d'un autre côté les ministres étrangers à Pékin se sont relâchés de leur vigilance, toute marche en avant a été arrêtée, et il s'est fait au contraire un mouvement rétrograde qui, depuis plus

de deux ans surtout, s'est manifesté par des attentats et des outrages envers les étrangers sur différents points, et en nombre bien plus considérables que pendant la période de huit ans qui a
précédé.

Loin de mettre ces attentats sur le compte de l'an-
tipathie qu'on pourrait supposer au peuple contre
nous, il ne faut voir là que l'action des mandarins,
qui, suivant leurs vieux instincts, ont de nouveau
cherché à soulever les classes ignorantes, dans le
vain espoir de débarrasser d'un seul coup le pays
de la présence des Européens; tandis que le gouvernement de Pékin, inerte, corrompu et manquant
complétement d'autorité centralisatrice, n'a jamais
rien fait pour prévenir ces abus et remplir ses
obligations, excepté quand il y a été forcé par une
pression énergique, ce qui ne s'est malheureusement pas produit toutes les fois que cela eût été
nécessaire.

Il est vrai qu'il aurait peut-être été impolitique
et oppressif de la part de nos représentants de
s'être montrés indûment rigoureux pour la stricte
observation des traités pendant que le pays était
ravagé par la rébellion des Taïpings; mais le gouvernement chinois n'a réussi, en grande partie, à
mettre fin à cette rébellion que grâce à l'aide moral

et même effectif des Européens, et, après cette
suppression, aucune violation au traité n'aurait
plus dû être permise; car l'action combinée des
États étrangers aurait certainement été suffisante
pour mettre le gouvernement actuel à même de
réduire à l'obéissance ses officiers réfractaires, de
manière à produire dans tout l'empire un effet
moral assez puissant pour rendre inutile à l'avenir
tout recours à des mesures violentes dans le but de
faire respecter les droits du traité. Malheureusement il n'en fut point ainsi, en dépit de l'opinion
émise par des hommes que leur longue expérience
et leurs relations de tous les jours avec les Chinois
auraient dû faire prendre en considération; les
ministres étrangers à Pékin laissèrent passer l'occasion favorable, et depuis ils n'ont guère pris garde
aux plaintes journalières des résidents étrangers
au sujet d'infractions de toutes sortes, tandis qu'en
maintes circonstances ils palliaient les actions des
mandarins, dans leur désir de ne pas pousser les
choses à bout. Le résultat d'une pareille manière
de faire est lamentable. Enhardis par l'impunité,
les Chinois continuent résolûment et ouvertement
de négliger les obligations des traités, et, si
on n'y met bon ordre, ils arriveront avant peu
à une telle accumulation de griefs, que nous serons

infailliblement conduits à de nouvelles hostilités.

Certaines personnes, dont l'opinion doit être res-
pectée cependant, se figurent que le gouvernement
Chinois est pleinement convaincu de la nécessité
de remplir ses engagements, et ferait volontiers
tout ce qui est en son pouvoir pour pousser au
progrès et introduire d'utiles mesures aussi bien
politiques que sociales. Elles s'imaginent qu'il a
le désir sincère d'améliorer la condition du peuple,
et que, sentant l'impossibilité de perpétuer davantage son système d'exclusivisme, il est désireux
d'augmenter ses relations amicales et commerciales
avec les étrangers; il y en a même d'assez crédules
pour croire qu'il désire réellement des réformes
étendues, et, n'était l'état du pays qui lui fait ap-
préhender d'inaugurer en ce moment quelque
changement que ce soit et si avantageux pût-il
être, qu'il introduirait en Chine avec plaisir les
inventions modernes qui ont amené chez nous des
avantages incalculables.

Naturellement les hommes qui sont imbus de
ces idées repoussent tout ce qui peut ressembler à
de la compulsion, et insistent sur ce que tout ce
qu'il est nécessaire de faire pour le moment est
de se garder de toute pression, même indirecte,

sur la Chine, de la traiter au contraire dans toutes les occasions comme une contrée hautement civilisée, et lui laisser choisir son temps pour remplir dans leur intégrité les obligations qu'elle a prises par les traités. Il est évident qu'en considérant les intentions chinoises sous un point de vue aussi favorable, on n'a pas de peine à apprécier quelques événements récents, et entre autres la mission Burlingame, comme une preuve de bonne volonté de la part du gouvernement chinois, indiquant son désir d'abandonner son ancien isolement et de commencer une ère de progrès, quand, au contraire, c'est simplement un moyen employé par lui pour obtenir du temps et renvoyer indéfiniment l'exécution des clauses des traités qui lui sont onéreuses, moyen qui lui a malheureusement trop bien réussi jusqu'à présent. C'est ce que les sinophiles enragés ne veulent pas comprendre ; aussi vous disent-ils sur tous les tons : admettez la Chine dans le comité des nations ; laissez son gouvernement ouvrir le pays graduellement ; laissez-lui administrer la civilisation par doses omœopathiques ; par-dessus tout renvoyez vos bâtiments de guerre. Oui, faites tout cela, disons-nous à notre tour, et de plus amenez vos pavillons consulaires ; confiez la vie et la propriété de vos nationaux à sa bonne foi essayée et à sa protection efficace, et tout ce qui a été si péniblement acquis jusqu'à présent sera bientôt perdu ; les troubles de 1857 et 1859 recommenceront, et nous aurons une nouvelle guerre avec toutes ses pertes cruelles d'hommes et d'argent.

M. Burlingame, qui était à la tête de l'ambassade chinoise actuellement en Europe, s'est montré un des fidèles adhérents à cette politique de laisser-faire.

Croyant apparemment que le cabinet de Pékin tendait à un progrès graduel, il annonça au moment de son départ de Chine pour aller remplir sa mission, qu'il allait tâcher de faire partager sa conviction à cet égard aux ministres d'États sous la direction desquels devaient agir les représentants étrangers dans la capitale du Céleste-Empire. Il allait, disait-il alors, pour déconseiller tout emploi de force et pour persuader aux peuples de l'Occident qu'une pression hâtive n'était pas nécessaire ; le fort et le faible de son raisonnement était : laissez-nous seulement tranquilles, ne nous pressez pas, et nous accepterons graduellement les mesures progressives que vous avisez ! Cette argumentation fut généralement goûtée à l'époque, et beaucoup de personnes virent avec un certain espoir une ambassade envoyée auprès des États occidentaux avec des apparences. d'instructions indiquant une certaine intention de se départir de sa vieille politique d'isolement arrogant.

Nul doute que le chef de cette embuscade n'ait eu les meilleures intentions, mais il faut croire qu'il a été la dupe de son propre enthousiasme et de l'astuce de ceux qui l'employaient, car à peine avait-il mis le pied en Amérique qu'il commençait une série de représentations si exagérées que le plus jeune des résidents étrangers en Chine pouvait en apprécier toute l'erreur. Au lieu de dire, comme au moment de son départ, que ses mandants consentaient au progrès, lentement, il est vrai, mais encore au progrès, il se lançait dans une kyrielle d'adulations qui ne tendait à rien moins qu'à laisser dans l'esprit de ses auditeurs que la Chine était bien plus près d'être parfaite que les pays qui la poussaient en avant. D'après lui, cet empire était le représentant de la science, le promoteur et le modèle du gouvernement représentatifs, le pays du commerce libre et de l'hospitalité la plus grande pour toute idée nouvelle ; ses hommes d'État étaient de solides avocats, de la réforme, aspirant seulement au moment où l'avancement des masses leur permettrait d'introduire la vapeur et l'électricité de tous côtés.

Pendant que ces louanges outrées étaient faites en Amérique et en Europe, que se passait-il en Chine? On dirait vraiment que la conduite du gouvernement chinois n'a eu d'autre mobile depuis que de démentir en tous points les assertions de son représentant, de manière à détruire complétement le peu de faveur avec laquelle l'ambassade avait été vue en premier lieu; ainsi c'est le moment que le cabinet de Pékin a choisi pour montrer le plus de mauvaise volonté dans toutes les réclamations qui lui ont été adressées et pour faire preuve d'une détermination arrêtée de s'opposer à toute espèce de progrès et de concession. C'est alors, et en peu de temps, que se sont produits l'outrage de Yang-Chow, les vols et les meurtres de Formose, l'attaque d'un Anglais à Foo-Chow; puis sont venues l'affaire regrettable de Nankin, et l'insulte qu'on dit avoir été faite au ministre anglais par le tsongtou de Nankin. De plus, ce n'est qu'à grand'peine et après un temps très-long qu'on a réussi à faire ratifier tout récemment à Pékin ce fameux traité fait à New-York par ladite ambassade, et qui avait été si vanté dans le temps par la presse des États-Unis, quoiqu'en réalité il ne contienne rien de plus que ce qui avait été obtenu auparavant.

Tout cela prouve que cette ambassade qui, en

principe, avait été considérée par certains comme
un événement heureux, n'était au contraire que
suspecte dans son origine et ne pouvait qu'avoir
des résultats désastreux ; aussi tout sentiment de
sympathie avec lequel elle était regardée en Chine
s'est-il changé en un sentiment d'antagonisme dans
l'esprit de tous ceux qui connaissent l'état vrai
des affaires, pendant que la faveur temporaire dont
elle avait joui en Europe et en Amérique se dissipe
graduellement devant les contre assertions que la
manière fausse dont elle a été représentée n'a pas
manqué de faire naître. En attendant, si cette
ambassade n'a pas produit d'autre bien, elle a
toujours rendu le service d'attirer une attention
sérieuse sur la question chinoise, laquelle gagnera
en lucidité devant le public par suite des vues
diverses qui ont été exprimées à son sujet.

Il est indiscutable que la Chine est plus arriérée
actuellement qu'elle ne l'était au commencement
de l'ère chrétienne. Elle a avancé d'elle-même et
avec ses idées propres pendant plus de deux mille
ans, mais à l'expiration de cette période elle est
graduellement tombée dans une dégénération telle
que, de nos jours, ses arts et ses sciences, autrefois
si réputés, ont à peu près disparu, qu'elle est arrivée
à un état de décadence presque sans espoir, et que

ce n'est que quand les pouvoirs étrangers ont forcé
l'entrée de ses ports et lui ont imposé de nouvelles
conditions, qu'elle a recommencé à faire quelques
pas dans la voie du progrès. Nul doute que maintenant ce pays sente le besoin de sortir de l'ornière
dans laquelle il grouille depuis trop longtemps,
mais son gouvernement, qui est l'exemple le plus
frappant de despotisme existant, a des vues trop
courtes, est trop égoïste et trop ignorant pour rien
faire qui puisse conduire à la régénération de son
peuple et pour prendre dans les nombreuses améliorations qui lui sont journellement proposées
autre chose que celles qui tendent à lui donner la
force de résister à toute réforme matérielle; aussi
le voit-on se livrer avec empressement à l'établissement d'arsenaux et à la construction de canonnières qui peuvent lui servir à repousser l'avancement des idées et tenir ses sujets sous le joug de
l'asservissement, tandis que toutes les propositions
qui sont faites dans l'intérêt de la paix et de la
civilisation sont rejetées systématiquement, et que
tout ce qui peut élever la condition du peuple et
élargir l'étendue des relations étrangères est exclu
comme incompatible avec la dignité de l'empire et
le bien-être des masses; de plus, et dans le même
but, il pousse activement à la formation de compa-

gnies de soldats dressées par des officiers européens, tout en n'admettant nullement les moyens essentiels pas plus que la distribution régulière des rations nécessaires.

Et puis, la corruption fiscale est la base de tout son système. Tous les mandarins et employés civils et militaires sont insuffisamment payés, et cela a naturellement amené une pratique générale d'extorsions et de pots-de-vin à peine voilée, qui est le fond de la corruption officielle et du mécontentement populaire. Impossible de rendre l'honnêteté obligatoire là où honnêteté signifie misère absolue! Comment peut-on blâmer un collecteur de taxes du vol des deniers publics, quand ses dépenses d'existence doivent être forcément du quintuple de son salaire ; et comment un gouverneur ou un magistrat peut-il compter sur l'intégrité de subordonnés qu'il laisse se pourvoir de leurs propres mains? La vente des emplois qui se pratique en grand tend à augmenter le mal, parce que ceux qui achètent les emplois le font évidemment avec l'idée d'en profiter le plus possible.

Aussi le gouvernement central consentirait-il à un changement radical dans sa manière de faire, qu'il ne faudrait pas s'y attendre de si tôt, par la raison que les officiers provinciaux, qui constituent la classe la plus importante de l'empire, s'y opposeraient avec acharnement et défendraient énergiquement leur propre influence qui ne résisterait pas à une centralisation de pouvoirs, tout comme ils ne renonceraient pas volontiers aux profits et émoluments de leurs positions officielles; car il faut bien dire qu'il n'y a pas de sentiment patriotique ni d'esprit de nationalité qui puissent lier les différentes classes ensemble dans l'acceptation d'une politique pour le bien commun. Dans ce pays, on ne voit qu'isolement sans individualité et agrégation sans cohésion.

Qu'on ne vienne pas après cela mettre en avant le droit abstrait qu'un pays peut avoir de fermer ses ports aux autres nations et d'exclure rigoureusement les étrangers de son territoire, quels que soient leurs motifs en le visitant. Cet isolement est impossible au temps où nous vivons, aussi bien pour la Chine que pour tout autre pays, car nos relations réciproques sont trop importantes pour qu'on puisse soulever cette question. Et puis, les sentiments du gouvernement chinois et ceux du peuple à notre égard sont distinctement opposés les uns aux autres, et si le cabinet de Pékin ne nous admet qu'à son corps défendant, il n'en est pas du tout de même du peuple, qui a parfaitement su apprécier les Européens toutes les fois qu'on leur a laissé librement faire connaître leurs intentions en venant dans le pays.

Il n'y a probablement pas de peuple se livrant au commerce avec plus de satisfaction que le peuple chinois, et comme on est généralement habitué à voir un gouvernement être plus ou moins le représentant des idées de la nation ou gouverner despotiquement dans l'intérêt commun, on ne comprend pas comment il se fait que le gouvernement chinois s'oppose d'une manière aussi persistante à l'extension des relations commerciales qui doivent accroître le bien-être de son peuple. C'est que par suite de circonstances assez énigmatiques, les intérêts du gouvernement et du peuple sont, dans ce cas, diamétralement opposés; en effet, si d'un côté le peuple chinois voit avec plaisir augmenter ses relations commerciales avec les Européens, dans lesquelles il trouve son profit, le gouvernement ne voit dans ce fait qu'une perte de prestige, car pour lui commerce étranger veut dire importation d'idées étrangères aussi bien qu'importation de marchandises étrangères. Il a horreur de toute innovation devant conduire à la diffusion de l'intelligence parmi le peuple, qu'il sait devoir lui être fatale.

Il lutte de tout son pouvoir contre tout progrès dans le sens que nous donnons à ce mot, car il faut bien dire qu'il n'est pas compris de même par la masse des mandarins chinois. Parmi les nations occidentales, on entend par progresser améliorer les conditions du peuple, développer les ressources du pays, augmenter le rendement du travail, pousser au confortable, à la liberté et au bonheur de tous; en d'autres termes, profiter de l'expérience du passé et marcher avec une intelligence toujours plus grande vers l'avenir. Chez les Chinois, au contraire, amélioration signifie le culte de la mémoire et une adhérence sévère à des usages de tous temps honorés, l'imitation aveugle du passé et la résistance énergique à toute réforme. Progrès pour les uns veut dire marcher en avant, tandis que pour les autres c'est aller en arrière. En somme, si nous devons nous en rapporter à la bonne volonté du gouvernement chinois pour pénétrer en Chine, nos chances seront bien minces, mais si nous devons agir d'après les aspirations du peuple de commercer avec nous, la mesure de notre droit est aussi pleine que possible; autrement dit : Faites revivre le gouvernement de droit divin, et la Chine est close pour nous; mais donnez-nous le droit du peuple, et nous pouvons et devons ouvrir cet empire, quoi que puissent dire et faire les satrapes qui le gouvernent.

Il est certain que la position que nous avons prise dans ce pays et que nous devons maintenir à tout prix nous impose de sérieuses obligations. En présence de cette vaste contrée débordant de richesses naturelles, vraie fourmilière industrieuse et intelligente, mais souffrant de désordres considérables et se renouvelant constamment avec des famines se représentant perpétuellement, et se trouvant encore dans un état de dégradation politique et social funeste, il est de notre devoir de faire notre possible pour changer cet état de choses et améliorer graduellement la position des habitants. Les inventions nouvelles doivent être introduites pour développer les ressources de la Chine et augmenter ses richesses matérielles ; notre civilisation doit y pénétrer de manière à élever ce pays dans le rang des nations, et transformer les conditions politiques, sociales et morales de son peuple.

La politique assez malheureusement suivie depuis quelques années par les États européens vis-à-vis de la Chine est basée sur deux erreurs que j'ai déjà signalées plus haut. On paraît persuadé que le gouvernement chinois désire le progrès et qu'il veut et peut obliger ses mandarins au respect du droit in-

ternational, tandis que les faits prouvent juste le
contraire. Les hommes qui sont en possession de
l'autorité en Chine sont opposés à toute espèce d'innovation, et Pékin n'a ni la force ni la bonne volonté
de contrôler les provinces, et c'est parce qu'on a
trop généralement méconnu cette vérité que nos
relations politiques avec ce pays sont devenues si
critiques pendant ces dernières années. On ne comprend vraiment pas comment nos gouvernements
se sont si facilement laissés prendre aux professions
de libéralisme et de désir de progresser qu'il a plu
aux Chinois de faire, et sur quoi on a pu se fonder
pour accorder depuis quelque temps plus de confiance à leurs promesses et leurs protestations qu'à
n'importe quelle époque de nos relations avec eux.
Quelle preuve ont-ils donnée de leur honnêteté, et
d'où pouvons-nous inférer qu'ils sont plus à même
ou plus disposés à remplir leurs engagements qu'ils
ne l'étaient par le passé ? Ils se sont refusés constamment à exécuter toute stipulation des traités qui
leur répugnait, et ce n'est que par la force qu'on a
pu rarement obtenir satisfaction ; à toutes les réclamations qui leur ont été adressées, ils n'ont jamais
répondu que par des fins de non-recevoir, à moins
que la patience de quelque gouvernement étranger
ait été poussée à bout et que la menace de mesures

de rigueur ait enfin réussi là où de simples représentations n'avaient rien pu faire.

Ainsi que tous les Orientaux, les Chinois sont complétement dépourvus de sentiment d'honneur politique, et les seules obligations que leurs gouvernements reconnaissent sont celles qu'on les oblige à remplir strictement. Ils ne comprennent pas du tout la modération avec laquelle on les traite par suite du désir qu'on a d'éviter des complications ; aussi cette ligne de conduite n'est-elle considérée par eux que comme un signe de faiblesse qui, à la longue, ne peut qu'amener une rupture. Avec ces gens-là, la force et même l'abus de la force est beaucoup moins dangereux que la faiblesse ou seulement l'apparence de la faiblesse, qui les rend invariablement agressifs et les conduit à mettre leur mauvaise foi en évidence. Dans le cas présent, il n'est pas question de faire preuve de force, mais il faut qu'ils soient bien convaincus qu'elle existe chez nous, et une grande fermeté est nécessaire si nous ne voulons pas laisser accumuler les violations de traités qui, sans cela, finiraient par déterminer une funeste crise.

Par conséquent, plus de délai de notre part pour insister sur nos droits, par la raison que plus nous renvoyons d'exiger la stricte exécution des traités,

plus les Chinois croient à notre faiblesse, et plus
ils sont disposés à éluder ou violer les obligations
qu'ils ont prises envers nous. Des traités imposés
par la force comme ceux de Chine l'ont été, ne sont
bien remplis qu'autant qu'on y tient la main d'une
manière ferme et soutenue. Il ne faut jamais craindre de créer des complications en exigeant la complète exécution de toutes les conditions arrêtées
avec les Orientaux; au contraire, on doit toujours
aller de l'avant avec eux, et ce n'est qu'en usant
d'indulgence et en exécutant un mouvement de
recul non raisonné, comme celui qui s'est produit
dernièrement à l'égard des Chinois, qu'on s'expose
à un renouvellement d'hostilités.

Je ne donnerai pour preuve de mon assertion
que le succès complet de la mission que notre
chargé d'affaires par intérim en Chine, M. de Ro-
chechouart, vient de remplir à Nankin et dans le
Yang-tze-Kiang; il avait pourtant une tâche assez
difficile devant lui, car c'était d'intérêts de missionnaires qu'il s'agissait, et, de plus, il n'avait pour
l'appuyer dans ses réclamations que des forces
excessivement restreintes : mais il a démontré qu'il
était déterminé à obtenir satisfaction, et, grâce à
sa fermeté, il a eu ce qu'il désirait. Il en sera toujours ainsi avec les Chinois, quand on aura raison

d'abord, et que, sans faire usage de la force, on saura leur faire comprendre qu'elle existe cependant.

La grande raison de son succès dans ses négociations est qu'il s'est tout à fait écarté de la politique moderne suivie dans ces derniers temps, pour se servir de celle vraiment effective qu'on employait dans le bon temps et qui est la seule qui aura des résultats aussi longtemps que le gouvernement central n'aura pas plus d'action sur les mandarins provinciaux.

Depuis qu'on a eu la bonhomie de croire à la bonne volonté et à la force du gouvernement central, on a invraisemblablement adressé à Pékin toutes les réclamations qui se sont présentées au sujet des abus sans nombre commis dans tout l'empire contre les étrangers ; ce système, qui paraît très-simple au premier abord, n'a jamais rien produit d'avantageux en pratique ; il n'a donné lieu qu'à une série interminable de références de part et d'autre, à des allées et venues sans fin de correspondances entre les ports et la capitale, et soit que le gouvernement central n'insiste jamais d'une manière positive auprès de ses gouverneurs provinciaux à propos de ces réclamations, soit que ceux-ci ne prêtent aucune attention aux ordres de Pékin, toujours est-il qu'on n'est pas encore arrivé à une solution satisfaisante par ce moyen.

Jusqu'à ce que le pouvoir de Pékin soit mieux reconnu dans les provinces qu'il ne l'est actuellement, il faut qu'on en revienne à l'ancien système de fermeté, qui est de faire sentir directement aux autorités provinciales une responsabilité personnelle de leurs actes. Il faut que ces mandarins soient bien convaincus que si les ordres vrais ou supposés de Pékin au sujet des Européens ne sont pas strictement suivis et si prompte justice n'est pas faite, ils auront affaire à un pouvoir étranger qui saura les mettre à la raison. C'est là le seul système qui ait eu de l'effet jusqu'à présent, et je crois qu'on devra encore l'employer pendant de longues années comme le seul moyen de prévenir de constantes violations de nos droits et de ne pas en venir à des extrémités toujours regrettables. Car je répète que, dans ce pays, il n'est nullement besoin de faire usage de la force, mais qu'il est nécessaire qu'elle soit toujours évidente, et c'est une opinion qui sera partagée par tous ceux qui ont une certaine expérience du pays.

Nul doute qu'on ne considère en Europe ces moyens comme très-irréguliers, mais malgré tout ce que certaines personnes en ont pu dire, il ne faut pas oublier qu'en Chine rien ne doit s'y faire comme ailleurs, puisque c'est avant tout un pays de contrastes. On ne peut à aucun titre la considérer comme une nation ayant droit aux mêmes avantages et priviléges que les pays civilisés qui sont liés entre eux par les lois internationales, et dans lesquels la vie, la liberté et la propriété de tous, étrangers comme nationaux, sont garantis et respectés, et où les parties lésées peuvent compter sur une procédure reconnue et un système légal régulier. Toutes les nations étrangères qui sont entrées en relations diplomatiques avec la Chine se sont réservées avec le plus grand soin leurs droits exterritoriaux, montrant ainsi que, dans ce point le plus important, elles la considèrent en dehors de la civilisation moderne.

XVI

La convention entre l'Angleterre et la Chine, qui
a été signée à Pékin en octobre dernier par sir
Rutherford Alcock, comme supplémentaire au
traité de Tientsin, a grandement désappointé les
résidents européens en Chine et tous les intéressés
en Europe, car ils avaient certainement droit d'attendre qu'on prît en considération leurs justes
plaintes et leurs représentations continuelles, tandis qu'on ne paraît avoir eu égard qu'aux protestations et demandes rétrogrades du gouvernement
chinois, qui y est traité beaucoup trop favorable-

ment et comme si il avait fidèlement rempli ses engagements par le passé.

En examinant les articles énoncésdans cette convention, on est douloureusement frappé de ne rien trouver d'important eu faveur du commerce étranger.

On ne peut encore dire grand'chose des avantages qui résulteront de l'ouverture au commerce européen des nouveaux ports de Wanchow, sur la côte, et de Wou-Hou, dans le Yang-tze-Kiang, et dans tous les cas les affaires qui s'y établirent tomberont beaucoup plus souvent entre les mains des Chinois que dans celles des Européens. Les autres stipulations, qui, ainsi que ce qui a trait aux magasins généraux, au commencement d'exploitation de certaines mines de charbon, à l'exemption de droits pour les matériaux employés dans les docks, etc., et l'introduction d'un remorqueur dans le lac Poyang, considérées comme avantageuses, ont certainement leur importance, mais elles sont loin de contrebalancer celles qui nous sont contraires et dont je vais dire quelques mots.

Par l'article 13 de ces conventions, le droit de sortie des soies, qui était de dix taels par picul, est doublé, sous le prétexte que, par suite de l'augmentation de prix des soies, l'ancien droit de dix taels

n'est plus en rapport avec celui de cinq pour cent
« *ad valorem*, » qui, en principe, avait été pris
comme base approximative de la fixation des droits
de douane par nature d'articles. Cette augmentation
serait parfaitement correcte si, en même temps qu'on
élève les droits des soies, par le fait de l'augmen-
tattion de la valeur de ce produit, on abaissait
celui des articles dont le coût a diminué ; mais
comme c'est loin d'être le cas, et qu'au contraire
pour les thés, par exemple, le droit actuel par picul
représente un droit de douze et demi pour cent
ad valorem environ, il est de toute injustice d'avoir
admis les prétentions des Chinois à ce sujet.

Dans l'article 3, il est convenu qu'après avoir
payé un droit d'entrée de cinq pour cent approxi-
mativement, suivant leur nature, les articles d'exportation payeront en plus et en même temps un
droit de transit de deux et demi pour cent, sous la
condition que les marchandises seront ensuite
exemptes de toutes autres taxes dans les provinces
où se trouvent les ports ouverts au commerce
étranger. On ne peut qu'approuver toute tentative
de fixer d'une manière régulière les droits de transit,
qui ont de tous temps été prélevés de la manière la
plus arbitraire par les autorités provinciales ; mais
le but désiré ne pourra jamais être [atteint aussi

longtemps que rien ne nous garantira que le payement de ce droit de deux et demi pour cent fait au
trésor impérial exemptera les commerçants des
exactions de toutes sortes et de chaque instant qui
sont le fait des autorités locales. Le traité de Tientsin,
qui est en vigueur depuis environ dix ans, éta-
blissait que les différents droits prélevés dans l'intérieur sur le passage des marchandises pourraient
être commués en un droit facultatif de deux et
demi pour cent, sur le payement duquel des certifi-
cats devaient être délivrés, dans le but de protéger
lesdites marchandises contre toute autre demande
faite en route, du port de débarquement à l'intérieur du pays. Si cette clause dudit traité avait été
fidèlement observée, on aurait certainement été parfaitement satisfait; mais les mandarins de l'intérieur
n'en ont pas moins continué à prélever toutes leurs
taxes illégales sur commerçants étrangers et chinois, au grand détriment du commerce européen.
Maintenant on veut rendre cette taxe obligatoire,
et comme tout prouve que les officiers locaux ne
se départiront pas de leur manière de faire, on ne
peut considérer ce droit de transit de deux et demi
pour cent que comme une nouvelle addition au
droit régulier payé à l'arrivée des marchandises
dans les ports chinois. De plus, il faut faire obser-

ver que ce nouvel impôt va être prélevé sur les marchandises de consommation locale, et qui, par le fait, ne doivent aucun droit de transit, ce qui contribue encore à rendre cet article de la convention tout ce qu'il y a de plus onéreux.

Le septième règlement supplémentaire de cette convention donne aux étrangers la faculté d'aller dans l'intérieur y acheter et vendre, de louer des maisons et magasins pour de courtes périodes seulement et sans pouvoir y afficher leurs noms ou raisons sociales. Il y est ajouté de plus que ces magasins et maisons ainsi loués de propriétaires chinois ne seront pas exempts des taxes et charges auxquelles ils peuvent être soumis, ce qui équivaut à dire que les mandarins pourront imposer ces locaux *ad libitum,* ce dont ils ne manqueront pas d'user aussi largement que possible, de manière à rendre cette concession tout à fait illusoire.

L'article 12 du traité de Tientsin, qu'on modifie ainsi, était beaucoup plus libéral, puisqu'il n'y était pas du tout question de limites pour la durée des locations, qu'il contenait des provisions contre les abus de part et d'autre, et qu'il n'y avait rien pour empêcher l'exhibition du nom des locataires qui, au besoin, pouvaient même construire. Ce changement est donc un pas en arrière, et très-regrettable comme tel.

En somme, la convention en question ne fait qu'augmenter les difficultés de transit déjà existantes, et imposer de nouveaux droits additionnels; aussi a-t-elle été vue de très-mauvais œil au moment où elle a été connue, et tous les intéressés s'opposent-ils de toute leur force à ce qu'elle soit ratifiée à Londres, ce qui, fort heureusement, n'a pas encore été fait, et ce qui, il faut espérer, n'aura pas lieu; car, grâce à l'opposition qu'elle rencontre de toute part et surtout parmi les grandes chambres de commerce d'Angleterre, qui sont les corps les plus autorisés en pareille matière, on paraît revenir maintenant à des idées plus conformes aux intérêts européens.

La France n'a pas suivi l'Angleterre dans la conclusion d'une semblable convention, qui n'est en somme que la révision du traité de Tientsin. Les autres États européens ayant des traités avec la Chine n'ont encore rien fait non plus, et il y a tout lieu de croire que rien ne sera fait dans ce sens; car, bien loin d'abandonner quelque chose des avantages déjà acquis, le devoir des puissances étrangères est de travailler, à chaque occasion favorable, à les augmenter.

On doit pousser le plus possible à la libre circulation dans l'intérieur. Pendant que le pays était
ravagé par les rebelles, il y avait peut-être quelque
raison pour restreindre cette liberté ; mais maintenant il ne peut plus en être ainsi, et le gouvernement chinois n'a rien à craindre de ce fait pour la
tranquillité de l'empire, avec de judicieuses mesures prises par les consuls pour éloigner les caractères suspects et dangereux. L'expérience prouve
qu'il ne peut résulter que de grands avantages
pour Chinois et Européens de l'augmentation des
relations, et il y en a déjà de très-sensibles, en dépit des restrictions vexatoires qui ont si inutilement
été imposées jusqu'à présent.

Il faut faire des vœux pour qu'on continue activement les négociations entamées depuis quelques
années au sujet de la navigation des canaux et rivières, aussi loin qu'elle peut être poussée par les
bateaux à vapeur européens ; ces négociations ont
eu peu de succès jusqu'à présent, et les autorités de
Pékin ont résisté avec leur entêtement ordinaire à
tous les efforts qui ont été faits par nos représentants ; mais ce n'est pas une raison pour abandonner cette question si importante, qui sera certainement menée à bonne fin par l'usage légitime de
l'influence que les pouvoirs européens possèdent en

Chine à juste titre. Par l'extension de cette navigation, on arrivera rapidement à un développement
considérable d'affaires avec les riches districts qui
bordent les innombrables cours d'eau de cette
contrée, dont les habitants sont on ne peut plus désireux de trafiquer avec nous, ainsi que le prouvent
les rapports de tous ceux qui ont voyagé dans l'empire du Milieu.

Viendront ensuite les chemins de fer et les télégraphes, qui peuvent s'établir sans de grandes difficultés, grâce à la disposition favorable de la plus
grande partie du pays, et qui sont ce qui tendra le
plus à faire ressortir les immenses ressources du
Céleste-Empire. La race chinoise est sans aucun
doute une race se suffisant à elle-même, et tout aussi
convaincue de sa propre supériorité qu'elle est
disposée à considérer comme impossible toute amélioration dans ses antiques institutions; mais elle
est aussi on ne peut plus pratique, et sait parfaitement s'adapter au changement des circonstances.
Ainsi, elle a très-bien su profiter des facilités apportées par les bateaux à vapeur de la côte et des
rivières, et elle saura tout aussi bien tirer parti des
chemins de fer et des télégraphes quand ils auront
été établis. Quelques désordres partiels et opposi-
tions locales peuvent être amenés au principe, par

la crainte superstitieuse du Fong-Shuey, mais on peut être assuré qu'à l'aide des mesures de prudence les plus élémentaires, tout sera bientôt rentré dans l'ordre, et qu'on verra vite les Chinois garnir les trains de chemins de fer avec autant d'empressement que le font déjà les Indiens, qui sont tout aussi superstitieux qu'eux et qui ont de plus à passer par-dessus la distinction des castes, le plus grand obstacle qu'on ait eu à surmonter chez ces Orientaux.

Les avantages qui résulteront de tous ces changements et innovations sont incalculables; nous en profiterons certainement sur une large échelle, mais c'est pour les Chinois qu'ils seront surtout sensibles : car les vastes ressources du pays se développeront à l'*infini;* ses trésors de minerais enfouis seront graduellement mis à jour, et ses productions artificielles se multiplieront et s'amélioreront avec une rapidité remarquable.

Quoique les intérêts français en Chine soient déjà fort respectables, ils ne peuvent certainement pas être mis en parallèle avec ceux des Américains, des Allemands et surtout des Anglais. Nous ne sommes malheureusement pas outillés pour le commerce étranger, et on trouve aussi difficilement chez nous des capitaux engagés dans des opéra-

tions lointaines que des personnes capables décidées
à s'expatrier pendant un certain nombre d'années
pour se livrer à ces grandes entreprises dans lesquelles nos voisins excellent. Un certain travail se
fait cependant chez nous à ce sujet depuis quelque
temps, et il faut espérer que cela augmentera assez
vite ; mais il est un terrain sur lequel nous nous
trouvons à beaucoup d'égards sur le pied d'égalité
avec les plus avancés : c'est l'industrie, et c'est par
l'industrie que nous devons arriver avant longtemps
à prendre la place qui nous revient en Chine.

En effet, avec le progrès dont je parle plus haut,
et qui, d'une manière ou d'une autre, ne peut tarder
à se faire, l'industrie est appelée à jouer prochaine-
ment un rôle des plus importants en Chine. La
France ne manquera certainement pas alors de
prendre la part qui lui incombe dans les constructions de chemins de fer, installation de télégraphes,
exploitation des mines si nombreuses de charbon
et autres minerais, établissements métallurgiques,
hauts fourneaux, etc., etc., mais avant tout elle ne
manquera pas de s'emparer de ce qui touche à l'industrie séricicole, qui paraît lui être tout particulièrement destinée.

La Chine est le plus grand pays producteur de
soies du monde entier. Jusqu'après 1840, elle-même

a consommé à peu près toute sa production; mais à partir de cette époque, le commerce étranger a commencé à s'y pourvoir régulièrement sur une petite échelle, il est vrai, mais en allant toujours en augmentant cependant, quand la maladie des vers à soie commença ses ravages en Europe. L'exportation prit un développement considérable vers 1852 et 1853, grâce à de forts approvisionnements résultant de stocks accumulés; l'augmentation de la demande en Europe et l'élévation des prix coïncidant avec la diminution de la consommation en Chine, par suite de la destruction d'une grande partie des métiers par les rebelles, cette exportation arriva à son apogée en 1856 et 1857, où elle atteignit et dépassa même une année le chiffre de 80,000 balles. Depuis, les approvisionnements accumulés étant épuisés, puis la production ayant baissé d'une manière notable par le fait du bouleversement des districts séricicoles par le fléau de la rébellion, et, plus tard, la consommation ayant repris graduellement, après la pacification du pays, les exportations pour l'Europe se sont réduites d'année en année, et maintenant elles ne sont plus que d'une moyenne dépassant 40,000 balles annuellement. La consommation indigène qui était tombée presque à rien pendant les années les plus malheureuses, a repris un certain essor, comme je dis ci-dessus, et tend à reprendre de plus en plus, à mesure que la prospérité revient et que le nombre des métiers augmente dans les villes manufacturières. D'un autre côté les districts séricicoles se repeuplent petit à petit, et la production accroît chaque année; de sorte que pendant une période assez longue le commerce européen pourra recevoir chaque saison une quarantaine de mille balles de soies de cette provenance.

Par suite de l'état du pays, nous avons dû jusqu'à présent nous contenter de prendre la soie en Chine telle qu'elle y est produite avec les moyens primitifs qui y sont employés depuis des siècles sans aucun changement; mais la facilité de communication et d'établissement dans l'intérieur aidant, nos praticiens pourront bientôt apporter à la filature et au moulinage des soies toutes les améliorations déjà opérées chez nous, et donner ainsi à cette précieuse matière une plus-value considérable dont indigènes et Européens profiteront également. On trouve en Chine toutes les natures de soies désirables, et quelques-unes entre autres de toute première qualité; aussi en traitant la matière première d'une façon convenable arrivera-t-on facilement à produire les plus belles soies blanches du monde dans certains districts du Kiang-Nan et du Tché-Kiang, tout comme on filera, dans le Shantong et le Tze-Chuen surtout, des soies jaunes qui pourront rivaliser avec les meilleures de France et d'Italie.

En présence du grand progrès qui doit nécessairement se faire avant longtemps en Chine et du développement considérable de nos relations avec ce pays qui en sera la conséquence naturelle, il devient urgent pour la France d'apporter de notables modifications à son organisation consulaire surtout, afin que nos intérêts soient enfin placés sous une protection réellement efficace. J'ai déjà parlé de la nécessité d'une pépinière d'élèves interprètes en Chine et, là où des notions spéciales sont indispensables, du besoin d'en tirer nos consuls pour ce pays, au lieu de les y transférer soudainement d'une des villes de l'Europe ou de l'Amérique du Sud, ainsi que cela se pratique trop souvent actuellement. J'insiste de nouveau sur ce point de la manière la plus pressante, et j'ajouterai qu'il est tout aussi indispensable d'exiger de nos consuls des connaissances pratiques qui leur font assez généralement défaut. J'ai beaucoup voyagé ; je me suis trouvé en contact avec des consuls de toutes les nations, et je n'ai nullement été flatté de la différence qui existe entre les nôtres et ceux anglais et

américains surtout, qui s'intéressent à la réussite
de leurs nationaux et peuvent les protéger d'une
manière utile, puisqu'ils ont presque toujours les
connaissances voulues pour cela faire; tandis que
chez les nôtres on ne trouve le plus souvent qu'une
ignorance totale des affaires et l'indifférence la plus
complète pour les intérêts commerciaux français,
quand ce n'est pas une mauvaise volonté marquée
et une prédisposition naturelle contre leurs nationaux. J'en ai bien rencontré quelques-uns qui,
comprenant leurs devoirs comme ils doivent être
compris, sont de vrais soutiens pour leurs compatriotes, sont toujours disposés à leur donner d'u-
tiles renseignements, et qui, dans les affaires liti-
gieuses entre étrangers et Français, ne condamnent
pas d'avance ces derniers; mais ces consuls modèles constituent malheureusement la faible mi-
norité; il y en a beaucoup trop qui sont des fils de
famille appelés, par suite d'influence quelconque, à
des fonctions qu'ils n'ont pas les aptitudes nécessaires pour remplir; d'autres sont des zélés, et
ceux-là sont les plus dangereux quand les connaissances et la pratique leur manquent, et le plus
grand nombre est composé de vrais fonctionnaires,
ne voyant dans tous les Français à l'étranger que
des administrés, et ne songeant qu'à les mener à la

baguette. Aussi terminerai-je en exprimant le sou-
hait que, contrairement à ce qui a lieu beaucoup
trop généralement quand un nouveau titulaire est
nommé à un poste quelconque, nos compatriotes
n'en soient bientôt plus réduits à désirer, comme la
chose la plus heureuse qui puisse arriver, que ce
nouveau titulaire soit un homme tout à fait nul
et s'occupant le moins possible d'affaires.

Poissy. — Imp. S. Lejay et Cie.